Jan Kuipers
Ben Tiggelaar

Stephen R. Coveys Die 7 Wege zur Effektivität

Bibliografische Information der Deutschen Nationalbibliothek
Die Deutsche Nationalbibliothek verzeichnet diese Publikation in der Deutschen Nationalbibliografie; detaillierte bibliografische Daten sind im Internet über http://dnb.d-nb.de abrufbar.

ISBN 978-3-86936-017-9

Umschlaggestaltung: die imprimatur, Hainburg
Umschlagkonzept: Martin Zech Design, Bremen
Übersetzung: Bärbel Jänicke, Berlin
Lektorat: Eva Gößwein, Berlin
Grafiken: Das Herstellungsbüro, Hamburg
Satz: Zerosoft, Timisoara (Rumänien)
Druck und Verarbeitung: Salzland Druck, Staßfurt

Wir drucken in Deutschland.

www.gabal-verlag.de
www.twitter.com/gabalbuecher
www.facebook.com/Gabalbuecher
www.instagram.com/gabalbuecher

PEFC
PEFC/04-31-2251

PEFC zertifiziert
Dieses Produkt stammt aus nachhaltig bewirtschafteten Wäldern und kontrollierten Quellen.
www.pefc.de

Inhalt

Vorwort

Es ist nach wie vor erstaunlich. Wie ist es möglich, dass ein mehr als 30 Jahre altes Buch Jahr für Jahr neue Leser und Leserinnen anzieht? So viele sogar, dass es Jahr für Jahr in den Bestsellerlisten steht? Weltweit wurden mehr als 50 Millionen Exemplare von „Die sieben Wege zur Effektivität" von Stephen R. Covey verkauft. Während sich die Welt um uns herum verändert, bleiben einige Dinge konstant – wie der Erfolg von Coveys Buch. Er selbst hat einmal gesagt: „Je radikaler die Veränderungen und je schwieriger die Herausforderungen, desto größer wird die Bedeutung der sieben Wege."

Ein wichtiger Grund dafür liegt unserer Ansicht nach darin, dass es in „Die 7 Wege" um zeitlose Prinzipien geht. Prinzipien, die grundlegend sind für persönliche Entwicklung und menschliche Beziehungen. Und damit auch für Führungsverhalten, Zusammenarbeit und berufliches Wachstum. In der Tradition der alten Philosophen schreibt Covey darüber, was ein gutes und sinnvolles Leben ist. Er tut dies auf eine praktische, für jeden verständliche Art, als ein Meister im Strukturieren und Erklären von Weisheiten. Diese hat er aus der Forschung, aus stapelweise Literatur gewonnen, aber auch aus seiner eigenen Erfahrung als Coach, Lehrer, Berater und Ehemann und Vater.

Wir beide haben Coveys Buch, unabhängig voneinander, vor mehr als zwanzig Jahren zum ersten Mal gelesen. Es hat damals bei uns einen tiefen Eindruck hinterlassen.

Die sieben Wege haben unser Leben wesentlich und positiv beeinflusst, unter anderem die Work-Life-Balance und die Formulierung persönlicher Lebensziele. Auch bei unserer Arbeit mit Einzelpersonen und Organisationen kommen die sieben Wege oft zum Einsatz. Mit Fug und Recht können wir behaupten: Covey hat uns geholfen, zu den Menschen zu werden, die wir heute sind.
Dennoch zogen wir aus unserer erneuten Lektüre für diese Zusammenfassung wieder neue Einsichten. Das zeigt, wie überaus reichhaltig Coveys Buch ist. Außerdem sind wir uns nun, da wir beide selbst einige Bücher geschrieben haben, dessen noch bewusster, wie schwierig es ist, zu einer solch klaren Struktur und einem derart zusammenhängenden Gefüge von Ideen und Ratschlägen wie in „Die 7 Wege" zu gelangen.
Wir glauben, dass Coveys Buch aktueller denn je ist. Dies geht bereits aus der Beschreibung der Probleme hervor, mit der das Buch und auch diese Zusammenfassung beginnt. Der Probleme so vieler Menschen, die sehr hart an ihrer Karriere, ihren Beziehungen und ihrem Glück arbeiten, aber oft daran zweifeln, ob das irgendwo hinführt. Ihnen – und allen anderen Leserinnen und Lesern – soll diese Zusammenfassung eine wertvolle erste oder erneute Begegnung mit der Weisheit Stephen R. Coveys ermöglichen.

Wir hoffen, dass Sie das Lesen dieses Buches ebenso inspiriert wie uns das Schreiben.
Jan Kuipers und Ben Tiggelaar

1. Das Fundament

Im Laufe seiner Karriere hat Stephen R. Covey mit zahllosen Menschen in der Wirtschaft, an Universitäten und im familiären Bereich gearbeitet. Viele von ihnen waren von außen besehen unglaublich erfolgreich, aber innerlich verzweifelt auf der Suche nach einer harmonischen und sinnvollen Beziehung zu anderen.

1.1 Von innen nach außen

Covey war von diesen Menschen fasziniert: Menschen, die ihr Privatleben für ihre Karriere aufgeopfert hatten, die sich ständig gehetzt fühlten und sich fragten, ob ihr Leben wohl einen Sinn hätte. Auch er selbst sah sich in seiner eigenen Familiensituation mit dem folgenden Problem konfrontiert: Einer seiner Söhne kam in der Schule und beim Sport nicht gut zurecht. Er musste einiges an Spott über sich ergehen lassen. Covey und seine Frau ermutigten ihn, sagten, dass er es doch schaffen könne, wenn er nur sein Bestes gäbe, und nahmen ihn anderen gegenüber in Schutz. Damit entschuldigten sie sich quasi für das Verhalten ihres Sohnes – er gab schließlich sein Bestes. Aber auf diese Weise nahmen sie ihm seine Würde. Sie vermittelten ihm das Gefühl, dass er ihrer Ansicht nach unzulänglich war.
Covey wollte verstehen, wie er seinem Sohn und all den Menschen, denen er bei seiner Arbeit begegnete, helfen

konnte. Indem er sich eingehend mit dem Thema Wahrnehmung befasste und damit, was sie bei Menschen bewirkt, wurde ihm bewusst, dass die Art, wie er und seine Frau ihren Sohn sahen, das eigentliche Problem war. Durch ihre Sichtweise verstärkten sie nur sein negatives Selbstbild. Covey kam zu dem Schluss, dass er vor allem die Art und Weise untersuchen müsse, wie Menschen Situationen betrachten. Fortan ließ ihn dieser Gedanke nicht mehr los: Man muss damit beginnen, sich selbst zu ändern, wenn man eine Situation verändern will. Dies bildete einen der Ausgangspunkte seiner Forschung zu den Grundregeln eines sinnvollen Lebens.

Persönlichkeits-Ethik und Charakter-Ethik

Covey studierte alles, was in den vergangenen 200 Jahren über Erfolg geschrieben worden war, und kam so zu den sieben Wegen. In der Literatur aus der Zeit vor dem Ersten Weltkrieg begegnete ihm vor allem die Charakter-Ethik. Wer diese Haltung verinnerlicht hat, lebt nach Prinzipien wie Integrität, Demut, Treue, Mäßigung, Mut, Gerechtigkeit, Geduld, Fleiß, Einfachheit, Bescheidenheit – und nach der goldenen Regel: „Behandle andere so, wie du von ihnen behandelt werden willst."

Nach dem Ersten Weltkrieg ergab sich eine grundlegende Verschiebung zu einer Persönlichkeits-Ethik. Erfolg wird nun an persönlicher Leistung, an Status, Verhalten und Fähigkeiten im Umgang mit anderen bemessen. Die Verschiebung von der Charakter- zur

Persönlichkeits-Ethik bedeutet, dass wir uns mehr auf äußeren und kurzfristigen Erfolg konzentrieren. Infolgedessen haben wir aus den Augen verloren, was wirklicher Erfolg und Glück sind.

Covey erkannte, dass er und seine Frau das Problem ihres Sohnes durch die Brille der Persönlichkeits-Ethik betrachtet hatten. Ihr Sohn musste sich verhalten, wie es andere von ihm erwarteten: sportlich, erfolgreich, sozial. Covey wurde bewusst, dass die Brille, durch die man die Welt und die Menschen in seinem Umfeld betrachtet, bestimmt, was man sieht – und dass das, was man sieht, wiederum bestimmt, was man tut. Um seinem Sohn dabei zu helfen, sich zu ändern, mussten seine Frau und er zunächst einmal sich selbst ändern, vor allem ihre Sichtweise auf ihren Sohn. Sie mussten sich von der Persönlichkeits-Ethik lösen und sich wieder auf die Charakter-Ethik besinnen. Aus dieser Haltung heraus beschlossen sie, ihren Sohn stärker zu bestätigen und mehr wertzuschätzen. Er begann, sein Leben auf seine eigene Weise zu gestalten; sein Selbstvertrauen wuchs und er blühte auf.

Natürlich sind einige Einsichten aus der Persönlichkeits-Ethik nützlich und manchmal sogar für Erfolg unerlässlich. Man sollte beispielsweise sich selbst darstellen und einen inspirierenden Vortrag halten können. Aber auf lange Sicht funktionieren sie nicht. Um dauerhafte menschliche Beziehungen zu unterhalten und langfristig Erfolg zu erzielen, braucht man die Charakter-Ethik.

Die Macht eines Paradigmas

Die Charakter- und die Persönlichkeits-Ethik sind Beispiele für soziale Paradigmen. Ein Paradigma ist ein Bezugsrahmen, eine Art, die Welt zu betrachten, ein System von Annahmen. Diese Annahmen bestimmen unser Verhalten. Paradigmen können wir als Landkarten ansehen, die uns helfen, unseren Weg im Leben zu finden.

Angenommen, Sie wären aufgrund eines Fehldrucks gezwungen, sich mit einem Stadtplan von Berlin in Köln zurechtzufinden. Was immer Sie auch tun, Sie werden Ihr Ziel nie erreichen. Mit einer positiven Einstellung erreichen Sie höchstens, dass es Ihnen nicht so viel ausmacht. Mit anderen Worten: Wenn wir uns nicht bewusst machen, an welchen grundlegenden Paradigmen, an welcher Landkarte wir uns tatsächlich orientieren, wird unser Verhalten auf die Dauer nicht effektiv sein. Nur wenn Sie eine gute Karte haben, sind Ihr Engagement und Ihre Haltung relevant.

Covey beschreibt dies wie folgt: „Wir sehen die Welt nicht so, wie *sie* ist. Im Gegenteil: Wir sehen die Welt so, *wie wir sind.* […] *Wir sehen das, worauf wir konditioniert sind.*" Wenn wir beschreiben, was wir sehen, beschreiben wir uns selbst. Je bewusster wir uns unserer grundlegenden Paradigmen sind, desto besser können wir sie mit denen anderer vergleichen und versuchen, unsere Sichtweise zu erweitern.

Die Macht eines Paradigmenwechsels

Thomas Kuhn hat festgestellt, dass fast jeder bedeutsame Durchbruch in der Wissenschaft einen Bruch mit traditionellen Paradigmen bedeutet. Um Fortschritte zu erzielen, ist ein neuer Bezugsrahmen erforderlich: ein Paradigmenwechsel. Dies gilt auch für Veränderungen in unserem Leben. Covey veranschaulicht dies anhand einer Erfahrung, die er in der New Yorker U-Bahn gemacht hat. Lebhafte Kinder stellten das Abteil auf den Kopf und ihr Vater unternahm nichts dagegen. Als Covey den Mann auf das Verhalten seiner Kinder ansprach, erklärte dieser, dass seine Frau, die Mutter der Kinder, in dem Krankenhaus, aus dem sie gerade kommen, gestorben sei. Auf einen Schlag ändert sich Coveys Bild der Situation und auch sein Verhalten.

„Grundvoraussetzung für eine tief greifende Veränderung ist", so Covey, „dass wir an unseren grundlegenden Paradigmen arbeiten." Für kleine Verbesserungen in unserem Verhalten reicht die Persönlichkeits-Ethik aus, doch wenn wir unsere Lebensqualität wirklich verbessern wollen, müssen wir uns auf die Charakter-Ethik zurückbesinnen.

Leben nach Prinzipien

Die Charakter-Ethik geht von der Idee aus, dass ein gutes Leben nur auf grundlegenden Prinzipien beruhen kann. Wie die Schwerkraft für die Physik grundlegend ist, so sind es Prinzipien für ein gutes Leben. Ein Prinzip ist wie ein Leuchtturm. Ob für ein großes oder kleines

Boot, ein Handelsschiff oder ein Kriegsschiff, der Leuchtturm hat immer dieselbe Bedeutung und Funktion. Es ist eine unerschütterliche Tatsache, ein Naturgesetz.
Für Covey sind Prinzipien grundlegend für all seine Leistungen. Immer wieder überprüft er sein eigenes Verhalten und das der anderen, um zu sehen, ob es mit den Prinzipien übereinstimmt oder nicht. Dabei achtet er auf die Nachhaltigkeit des Ergebnisses seines Verhaltens. Wenn das Ergebnis mit den Prinzipien übereinstimmt, ist es gut. Wenn nicht, ist ein anderes Verhalten erforderlich.
Covey nennt Beispiele für Prinzipien: Gerechtigkeit, Geduld, Fleiß, Einfachheit, Bescheidenheit. Die Liste lässt sich noch erweitern. Prinzipien gelten jederzeit und überall und sind nicht an eine bestimmte Religion oder Weltanschauung gebunden. Ob etwas ein gutes Prinzip ist, entscheidet Covey, indem er untersucht, ob es zur Nachhaltigkeit von Beziehungen oder Gesellschaften beiträgt. Eine Beziehung oder eine Gesellschaft, die nicht auf Gerechtigkeit basiert, ist nicht nachhaltig. Also ist Gerechtigkeit ein Prinzip.
Kann man ohne Fleiß bleibende Ergebnisse erzielen? Der vielfältigen Diät- und Fitnesswerbung zufolge schon, doch die Praxis beweist das Gegenteil. Einfachheit siegt über die Komplexität, und Manager werden nicht wegen ihrer Bescheidenheit, sondern nur wegen ihres Hochmuts entlassen. Vielleicht kennen Sie aus Ihrem Umfeld Menschen, die augenscheinlich erfolgreich sind, obwohl sie ständig gegen Prinzipien wie

Gerechtigkeit oder Bescheidenheit verstoßen. Sie scheinen damit durchzukommen. Aber genau das ist es: Sie *scheinen* damit durchzukommen. Auf lange Sicht wird sich in all diesen Fällen zeigen, dass der Erfolg nicht von Dauer ist.

Aber beachten Sie: Prinzipien sind etwas anderes als Werte. Werte kann man selbst wählen und ändern, Prinzipien hingegen sind natürliche Gegebenheiten.

Die Prinzipien von Wachstum und Wandel

Die Persönlichkeits-Ethik ist trügerisch, sagt Covey. Wertvolle Ergebnisse im Leben mit diesem schnellen, pragmatischen Ansatz anzustreben, ist ebenso effektiv, wie – denken Sie an das Beispiel zurück – sich in Köln mit einer Karte von Berlin zurechtzufinden.

Manchmal versuchen wir, einen entscheidenden Schritt zu überspringen, um so in kürzerer Zeit mehr zu erreichen. Aber echtes Wachstum ist ein natürlicher Prozess. Denken Sie an einen Bauernhof: Man muss im Mai säen, um im Oktober zu ernten. Im September säen und im Oktober ernten zu wollen, das funktioniert nicht. Nicht einmal mit sehr harter Arbeit und einer positiven Einstellung. Sie können den erforderlichen Wachstums- und Entwicklungsprozess nicht erzwingen. Das führt zwangsläufig zu Enttäuschungen. Eine Reise von tausend Kilometern beginnt mit dem ersten Schritt. Wer beim Tennisspielen oder Klavierspielen den ersten Schritt überspringt, scheitert sofort. Jeder weiß, dass das nicht funktioniert.

Aber bei der emotionalen Entwicklung ist das für einen selbst und für andere viel schwieriger auszuloten. Mit den „Tricks“ der Persönlichkeits-Ethik lässt sich der Schein oft noch eine Weile wahren, doch auch damit wird man letztlich scheitern. Echtes Wachstum und echte Entwicklung erfordern eine Charakter-Ethik. Das lässt sich auch in Organisationen beobachten. Manager können versuchen, Produktionsverbesserung, Qualitätsverbesserung, Motivation und Kundendienst mit markigen Ermutigungsansprachen, Schulungen oder externen Beratungen zu „erkaufen“. Doch dieses Vorgehen schafft Misstrauen, wenn die Unternehmensleitung in der Zeit davor keine Haltung im Sinne der Charakter-Ethik an den Tag gelegt hat. Die Mitarbeiter denken dann: Immer die gleiche Leier, wir sollen uns mal wieder ändern!

Wir können aus Stellung und Status Stärke ableiten. Doch das ist geliehene Stärke, und geliehene Stärke schwächt uns. Wir sind zu sehr von externen Faktoren abhängig. Wenn sie wegfallen, welche Stärke bleibt uns dann noch? Die an Prinzipien orientierte Lebenshaltung sorgt hingegen für dauerhafte Stärke aus uns selbst heraus.

Eine neue Ebene des Denkens

Um zu diesem anderen, nachhaltigeren Ansatz zu gelangen, brauchen wir eine andere Denkweise. Coveys sieben Wege basieren auf dieser neuen Denkweise. Man nimmt den inneren Wesenskern der eigenen Identität als Ausgangspunkt: die eigenen Paradigmen, den eigenen Charakter und die eigenen Motive. Man verändert sich „von innen nach außen".

Um sein Verhalten zu verändern, beginnt man immer bei sich selbst. Um Vereinbarungen mit anderen einzuhalten, müssen Sie zunächst Ihre Vereinbarungen mit sich selbst einhalten. Wenn Sie möchten, dass sich andere ändern, müssen Sie zunächst herausfinden, was Ihre eigenen Paradigmen sind und ob diese effektiv sind.

Das ist ein völlig anderes Vorgehen als bei der Veränderung „von außen nach innen", bei der man schnell anderen die Schuld zuschiebt: Die anderen halten ihre Vereinbarungen nicht ein, sie kooperieren nicht. Am Ende dominiert das Gefühl, ein Opfer zu sein.

Geht man „von innen nach außen" und beginnt bei sich selbst, tritt man in einen kontinuierlichen Wachstumsprozess ein, der dazu beiträgt, die eigene Unabhängigkeit zu stärken.

1.2 Die sieben Wege: ein Überblick

„Wir sind das, was wir immer wieder tun", sagt Covey. Wiederholtes Verhalten bestimmt unseren Charakter, unsere Lebenseinstellung. Aufgrund seiner Forschungsarbeit benennt Covey sieben Wege als Grundlage eines guten Lebens. Es handelt sich dabei um „Wege", die eine Person beschreitet, also um verhaltensmäßige

Merkmale, die für eine Person bezeichnend sind. (Im Englischen verwendet Covey den Begriff „habits“, was sich mit „Gewohnheiten“ oder auch – in diesem Fall unserer Ansicht nach treffender – mit „Eigenschaften“ übersetzen lässt.) Diese Wege können effektiv sein und somit zu dem beitragen, was wir erreichen wollen, oder sie können dem angestrebten Resultat entgegenwirken und dementsprechend ineffektiv sein. Tief verwurzelte Haltungen wie Skepsis, Egoismus, Unentschlossenheit und Ungeduld stehen im Widerspruch zu den Grundprinzipien effektiven Verhaltens. Dennoch lassen sie sich nicht einfach ändern. Daher ist es wichtig, erneut den Ausgangspunkt (das grundlegende Paradigma) zu bestimmen und andere Verhaltensweisen einzuüben, um aus diesen eine neue, nun allerdings effektive Haltung zu entwickeln.
Eine charakteristische Haltung liegt an der Schnittstelle von Wissen, Können und Wollen.

- **Wissen:** *was* getan werden soll und warum.
- **Können:** *wie* es gemacht werden soll.
- **Motivation:** dem *Willen*, es zu tun.

Wenn Sie wissen, dass Sie zuhören müssen, um eine gute Beziehung zu einem anderen zu entwickeln, (was) dann müssen Sie auch zuhören können (wie). Mindestens ebenso wichtig ist, dass Sie auch zuhören wollen (*Willen*).
Um eine Haltung zu entwickeln, muss man aus diesen drei Blickwinkeln daran arbeiten. Das ist nicht immer

ein leichter und manchmal sogar ein schmerzhafter Prozess. Es geht dabei um eine Veränderung im Dienst eines höheren Ziels. Das macht es oftmals erforderlich, das, was Sie *jetzt* gerade wollen, dem unterzuordnen, was Sie *letztendlich* wollen, kurzfristiges Vergnügen für langfristiges Glück zurückzustellen. Die sieben Wege orientieren sich an langfristigem Glück.

Das Reifekontinuum

Die Wege sind keine Formel, die man nur exakt nach bestimmten Regeln anwenden muss, um garantiert Erfolg zu erzielen. Da sie in Harmonie mit den natürlichen Gesetzen des Wachstums stehen, bilden sie eine Richtschnur für die Entwicklung unserer Effektivität. Sie helfen uns voranzukommen in dem, was Covey das „Reifekontinuum" nennt: dem konstanten Aufstieg von Abhängigkeit über Unabhängigkeit zu wechselseitiger Abhängigkeit.

Innerhalb dieses Reifekontinuums ist die Abhängigkeit das Paradigma vom *Du*. *Du* ist hier daher ein Schlüsselwort: *Du* kümmerst dich um mich. *Du* sorgst dafür, dass ich Erfolg habe. *Du* bist schuld, wenn ich scheitere. Bei Unabhängigkeit heißt das Schlüsselwort *Ich*: *Ich* bin verantwortlich. *Ich* kann wählen. Bei wechselseitiger Abhängigkeit geht es um das Schlüsselwort *Wir*: *Wir* tun es. *Wir* können zusammenarbeiten. *Wir* können etwas Besseres erreichen, wenn wir unsere Kräfte bündeln.

Die Entwicklung von Abhängigkeit (Dependenz) zu Unabhängigkeit (Independenz) ist ein Prozess, den wir alle im Laufe unseres Erwachsenwerdens durchlaufen. Wir werden immer selbstständiger in dem, was wir tun. Erwachsenwerden erfordert es, dass wir uns wirklich von unserer Erziehung, von Menschen oder den jeweiligen Umständen unabhängig machen können *und* auch den Mut dazu aufbringen. Covey fügt hinzu: „Durch die Verbesserung der eigenen Lebensumstände wird man nicht reifer."

Die Unabhängigkeit ist ein wichtiger Schritt auf dem Weg zum Erwachsenwerden, aber sie ist nicht die Endphase des Wachstums zu wirklicher Reife. Unabhängigkeit wird oft als ein Ideal angesehen. Covey ist diesbezüglich sehr entschieden: „In den meisten Büchern und Kursen über Selbstverwirklichung wird die Unabhängigkeit auf ein Podest gestellt, als ob die Zusammenarbeit und der Kontakt zu anderen weniger wichtig wären." Genau darum, um Zusammenarbeit und Kontakt, geht es bei der wechselseitigen Abhängigkeit (Interdependenz). Es bedeutet, dass man dazu imstande ist, mit allen gleichberechtigt zusammenzuarbeiten, und das Wagnis eingeht, den eigenen Erfolg von dem Erfolg anderer abhängig zu machen.

Was man in der Welt auch tut, wo man auch ist, welche Rolle man auch spielt, man lebt immer im Zusammenspiel mit anderen. Wechselseitige Abhängigkeit ist der Wesenskern unserer Existenz, und daher handelt man sich Probleme ein, wenn man nach dem Paradigma der Unabhängigkeit lebt. Wirklich effektiv sein kann man nicht als Einzelner. Interdependenz ist ein viel reiferes

Paradigma. Es impliziert, dass man zwar unabhängig ist, gleichzeitig aber erkennt, dass man gemeinsam mit anderen mehr erreichen kann als allein.
Bei den ersten drei Wegen in Coveys Buch geht es um das Erlangen von Unabhängigkeit. Er nennt das „Arbeiten am privaten Erfolg". Diese Wege helfen einem, mehr Selbstvertrauen zu gewinnen. Man konzentriert sich stärker auf sein Inneres und lernt seine Werte und seine Identität besser kennen. Das verleiht einem das Gefühl innerer Ruhe. Man wird unabhängig.
Bei den folgenden drei Wegen geht es um das Wachsen in wechselseitiger Abhängigkeit. Covey nennt das „Arbeiten am öffentlichen Erfolg". Man verbessert seine Zusammenarbeit mit anderen und kann Resultate erzielen, die man alleine niemals zustande gebracht hätte. Der private Erfolg geht dem öffentlichen Erfolg voraus. Das ist ebenso unumkehrbar, wie das Säen dem Ernten vorausgeht. Es ist ein Wachstumsprozess, der im Inneren beginnt und sich immer weiter nach außen fortsetzt.
Der siebte Weg ist der Weg der Selbsterneuerung. Hier beschreibt Covey, wie man sich permanent entwickeln und erneuern kann. Der siebte Weg ermöglicht den Reifeprozess, der den Effekt der anderen Wege immer weiter verstärkt. Deshalb wird das Modell als Reifekontinuum bezeichnet – dabei handelt es sich nicht um etwas, das man auf einem bestimmten Niveau lernen kann oder soll, sondern um etwas, das man kontinuierlich verstärken kann. Sein ganzes Leben lang.

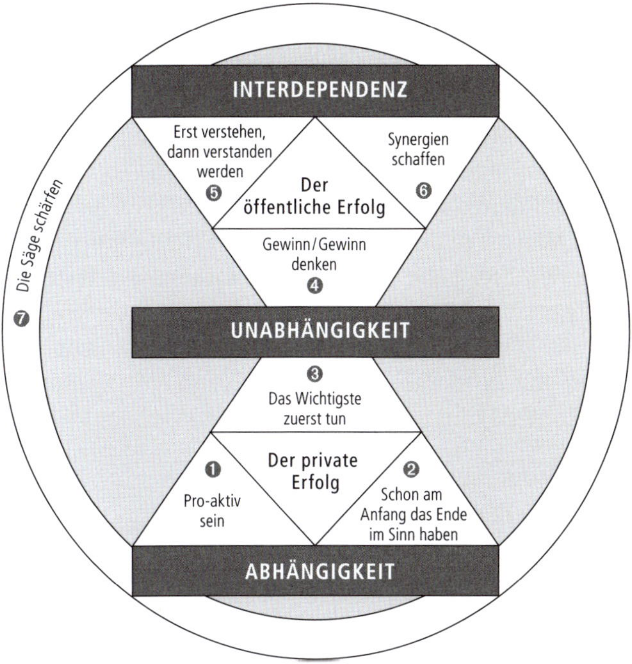

Das Paradigma der 7 Wege

Abb. 1: Das Reifekontinuum

Effektivität

Die sieben Wege sind effektive Wege. Da sie auf Prinzipien, auf Naturgesetzen basieren, liefern sie langfristig einen großen Ertrag. Damit steht einem ein Instrumentarium zur Verfügung, mit dem man Probleme nachhaltig lösen und seine Möglichkeiten maximal nutzen kann.

Covey erläutert Effektivität anhand einer Fabel: Ein Bauer hat eine Gans, die jeden Tag ein goldenes Ei legt. Der Bauer wird gierig und schlachtet die Gans, weil er meint, damit aller Eier auf einmal habhaft zu werden. Das führt jedoch nur dazu, dass die Gans tot ist und keine goldenen Eier mehr legen kann.
Viele Menschen denken, dass es bei Effektivität um die goldenen Eier geht: Je mehr man produziert, desto effektiver ist man. Doch laut Covey zeigt diese Geschichte gerade, dass die Effektivität von zwei Faktoren abhängt: der Produktion (P: den goldenen Eiern) und der Produktionskapazität (PK: der Gans). Wer sich nur auf die goldenen Eier konzentriert, wird mit Sicherheit nicht das Beste in einem Menschen oder einer Organisation zum Vorschein bringen. In Beziehungen muss man Zeit investieren, sonst verliert die Beziehung an Substanz. Maschinen müssen gewartet werden, sonst wird die Produktion irgendwann eingestellt. Menschen müssen lernen und sich immer weiterentwickeln, sonst sind sie plötzlich für ihren Arbeitsbereich nicht mehr relevant. Deshalb spricht Covey vom P/PK-Gleichgewicht. Nur wenn Produktion und Produktionskapazität im Gleichgewicht sind, können Sie längerfristig effektiv sein. Bei Effektivität geht es also immer um das Gleichgewicht zwischen der Zunahme der Produktion und der Pflege der verfügbaren Produktionskapazität.

Die sieben Wege handeln von der Produktionskapazität, auf die wir den größten Einfluss haben: uns selbst. Im Wesentlichen versetzen uns die sieben Wege in die Lage, bewusster an unserem eigenen Wachstum als Mensch zu arbeiten. Dies ist kein einfacher Prozess, es gibt dafür keine schnelle Patentlösung. In Coveys eigenen Worten: „Öffnen Sie sich Wachstum und Wandel. Und haben Sie Geduld. Wachstum ist ein heikler Prozess; es ist heiliger Boden. Eine größere Investition in sich selbst können Sie nicht tätigen."

2. Wachsen zur Unabhängigkeit

Die ersten drei Wege sind dem Paradigma der Unabhängigkeit zugeordnet. Sie leisten einen Beitrag zum privaten Erfolg.

2.1 Erster Weg: Pro-aktiv sein

Der erste Weg handelt von der menschlichen Fähigkeit, das Denken und Handeln selbst zu bestimmen. Es ist ein Schritt auf dem Weg zur Autonomie.

Nur der Mensch, sagt Covey, hat Selbstbewusstsein: die Fähigkeit, über seinen eigenen Denkprozess nachzudenken. Wir können uns darüber, wer wir sind und wie wir uns verhalten, Gedanken machen. Entsprechend können wir auch unser Denken und Handeln lenken und verändern.

Covey weist darauf hin, dass viele Menschen ihr alltägliches Verhalten mit einem einfachen „Reiz-Reaktions-Modell" erklären, als ob sie willenlose Opfer der Umstände wären. Es gibt drei bedeutende Theorien innerhalb dieses Ansatzes. Nach der Theorie des „genetischen Determinismus" erben wir unser Verhalten von unseren Vorfahren. Dem „psychischen Determinismus" zufolge wird unser Charakter durch Erziehung und Erfahrungen gebildet. Und nach Auffassung des „Umwelt-

Determinismus" reagieren wir in erster Linie auf die Menschen und die Entwicklungen um uns herum. Aber das ist nicht die ganze Geschichte, sagt Covey.

Zwischen Reiz und Reaktion

Covey glaubt, dass das „reaktive Modell" nur einen Teil der Wirklichkeit abbildet. Zwischen dem Reiz, den wir empfangen, und unserer Reaktion darauf liege die Freiheit, diese Reaktion zu wählen. Er illustriert dies anhand der Lebensgeschichte des jüdischen Psychiaters Viktor Frankl. Frankl hat als Einziger aus seiner Familie die Konzentrationslager überlebt. In dieser schrecklichen Lage entdeckte er das, was er selbst als „die ultimative menschliche Freiheit" bezeichnete: die Freiheit, seine eigene Reaktion bewusst zu wählen. Frankl entschied sich dafür, seine Aufmerksamkeit auf die Zukunft zu richten und nicht auf die schlimme Situation, in der er sich befand. Er sah sich selbst als jemanden, der Studenten darüber berichtete, was er aus den Gräueln in den Lagern gelernt hatte. Das verlieh ihm eine enorme innere Kraft, und er inspirierte unzählige Menschen in seinem Umfeld.

Coveys Auffassung nach verfügt der Mensch neben Selbstbewusstsein auch über Vorstellungskraft, ein Gewissen und einen freien Willen. Diese Elemente bestimmen unsere Entscheidungsfreiheit. Er nennt dies Pro-Aktivität. Covey zufolge umfasst Pro-Aktivität mehr als nur das Ergreifen von Initiativen. Es bedeutet, für sein eigenes Denken, sein eigenes Handeln und sein eigenes

Leben verantwortlich zu sein. Man ist kein willenloses Opfer der Umstände. Man ist in der Lage, eigene Entscheidungen zu treffen und damit Einfluss zu nehmen auf sein Leben und die Welt, die einen umgibt.

Verantwortung ist also buchstäblich die Fähigkeit, die eigene Antwort zu wählen. Pro-aktive Menschen sind sich dieser Fähigkeit bewusst. Natürlich gibt es Dinge, die uns wirtschaftlich, emotional oder körperlich beeinträchtigen können. Aber es hängt von unserer eigenen Reaktion ab, ob uns das, was mit uns passiert, in unserem tiefsten Wesen berührt. Wo sich reaktive Menschen stark von den Umständen beeinflussen lassen (wie dem Wetter, dem Verhalten anderer Menschen oder ihren eigenen impulsiven Regungen), wählen pro-aktive Menschen bewusst ihre Reaktion.

Selbst die Initiative ergreifen

Die Initiative zu ergreifen liegt eigentlich in der Natur des Menschen, sagt Covey, aber viele Menschen warten, bis etwas von selbst geschieht oder bis sie Hilfe von außen bekommen. Sie verhalten sich reaktiv, wie Opfer der Umstände. Pro-aktive Menschen suchen hingegen selbst nach einer Lösung. Pro-Aktivität ist die Grundlage für die anderen sechs Wege. Denn alle Wege erfordern von uns, dass wir bewusst denken und handeln.

Ob man pro-aktiv oder reaktiv ist, lässt sich aus der Sprache, die man verwendet, ableiten. Reaktive Menschen sagen Dinge wie: „Ich kann da nichts tun“, „So bin ich nun einmal“ und „Er macht mich so wütend“, während pro-aktive Menschen unter den gleichen Umständen sagen: „Lass mich mal schauen, was möglich ist", „Ich kann es auch anders angehen" und „Ich entscheide selbst über meine Gefühle".

Covey erzählt, in einem seiner Seminare war ein Mann, der um seine Ehe besorgt war. Er befürchtete, er und seine Frau hätten keine Gefühle mehr füreinander. Auf die Frage, was er tun solle, antwortete Covey: „Lieben Sie sie." „Lieben" ist ein Tätigkeitswort. Liebe – das Gefühl – ist das Resultat dieses Tuns. Pro-aktive Menschen sehen Liebe als etwas an, das man tut. Man hört zu, man ist mitfühlend, man gibt dem anderen Raum.

Abb. 2: Einfluss- und Interessenbereich

Wie pro-aktiv man ist, stellt man fest, wenn man sich ansieht, worin man die meiste Energie investiert. Es gibt alle möglichen Dinge, die uns zwar betreffen, auf die wir aber keinen nennenswerten Einfluss ausüben können: die Ökonomie, Probleme bei der Arbeit, das Wetter. Diese Themen liegen in unserem Interessenbereich. Auf andere Dinge können wir wirklich Einfluss nehmen. Sie liegen in einem zweiten, kleineren Kreis: dem Einflussbereich.

Reaktive Menschen beschäftigen sich hauptsächlich mit dem ersten Kreis, dem Interessenbereich. Sie verwenden ihre Energie für Dinge, die sie nicht ändern können, statt für die Dinge, die sie beeinflussen können. Dadurch wird ihr tatsächlicher Einfluss immer geringer. Pro-aktive Menschen konzentrieren sich auf ihren Einflussbereich. Sie achten auf die Dinge, auf die sie wirklich einwirken können. Durch diese positive Energie vergrößern sie ständig ihren Einfluss.

Nach Covey lassen sich die Probleme, mit denen wir im Leben konfrontiert werden, in drei Kategorien einteilen:

1. Probleme, auf die man direkten Einfluss hat; dabei geht es um das eigene Verhalten.
2. Probleme, auf die man indirekt Einfluss hat; sie werden durch das Verhalten anderer verursacht.
3. Probleme, auf die man keinen Einfluss hat.

Die Kategorie „direkter Einfluss“ ist mit dem ersten, zweiten und dritten Weg und damit mit dem „privaten Erfolg“ verbunden. Die Kategorie „indirekter Einfluss“ ist mit dem vierten, fünften und sechsten Weg und dem „öffentlichen Erfolg“ verbunden. Die Kategorie der Probleme, auf die wir „keinen Einfluss“ haben, müssen wir mit einem Lächeln hinnehmen. Covey zitiert das Stoßgebet der Anonymen Alkoholiker: „Gott gebe mir die Gelassenheit, Dinge hinzunehmen, die ich nicht ändern kann, den Mut, Dinge zu ändern, die ich ändern kann, und die Weisheit, das eine vom anderen zu unterscheiden."

Den Einflussbereich erweitern

Covey arbeitete einmal als Berater für ein Unternehmen, das von einem Manager geleitet wurde, der seine Mitarbeiter wie Laufburschen behandelte. Er erklärte ihnen immer wieder ausführlich, was sie zu tun hatten. Die meisten Mitarbeiter verhielten sich reaktiv. Untereinander klagten sie über das Verhalten ihres Chefs, unternahmen aber keine weiteren Schritte. *Ein* Mitarbeiter ging anders vor. Er war seinem Chef immer einen Schritt voraus. Wenn sein Chef um eine Analyse bat, gab er nicht nur die gewünschten Antworten, sondern fügte auch noch einige eigene Erkenntnisse hinzu. Er stellte sich darauf ein, was sein Chef eigentlich wollte. Immer öfter fragte der Manager diesen Mitarbeiter nach seiner Meinung. Durch pro-aktives Handeln hatte der Mitarbeiter seinen Einflussbereich erweitert.
Covey zufolge wird der Interessenbereich vom „Haben" bestimmt. Reaktive Menschen treffen Aussagen wie: „Wenn ich nur nicht so einen ungeduldigen Partner hätte." Oder: „Wenn ich nur etwas mehr Zeit für mich hätte." Sie hoffen auf eine Veränderung von außen. Proaktive Menschen sagen hingegen zum Beispiel: „Ich

kann ein wenig geduldiger sein.“ Indem Sie sich selbst verändern, können Sie Veränderungen in Ihrem Umfeld bewirken. Es geht hier um Veränderung von innen heraus – um das „Sein“.

Es gibt vielerlei Möglichkeiten, um an seinem Einflussbereich zu arbeiten: besser zuhören, seinen Partner lieben, intensiver lernen, mit mehr Hingabe arbeiten, Fehler schnell erkennen und korrigieren. Eine wesentliche Form, sich selbst darin zu üben, pro-aktiv zu handeln, besteht darin, Versprechen zu geben und zu halten, seinen eigenen Vorsätzen und Verpflichtungen anderen gegenüber treu zu bleiben. Das führt zu einem Bewusstsein von Selbstbeherrschung, aus dem Sie Kraft und Mut schöpfen, mehr Verantwortung zu übernehmen. Schritt für Schritt werden Sie effektiver und arbeiten auf ein besseres Leben hin.

Praktische Umsetzung

Covey ermutigt uns dazu, das Prinzip der Pro-Aktivität praktisch umzusetzen, indem wir 30 Tage lang versuchen, nur innerhalb unseres Einflussbereichs zu arbeiten. Das bedeutet, nicht darüber zu diskutieren, was andere falsch machen, und stattdessen die eigenen Fehler sofort zu korrigieren. Der Alltag bietet vielfältige Gelegenheiten dazu. Wie gehen Sie mit lästigen Kunden um, wie reagieren Sie auf ein ungehorsames Kind, was tun Sie, wenn Sie in einen Stau hineingeraten sind?

„Konzentrieren Sie sich auf die Dinge, über die Sie die Kontrolle haben. Arbeiten Sie an sich selbst. Am

Sein", sagt Covey. Wenn Sie sich pro-aktiv verhalten, werden Sie sich darin immer weiter verbessern und erfahren, dass das zunehmend wie von allein geht. So lernen Sie, den Moment zwischen Reiz und Reaktion zu nutzen und aus Ihrem Einflussbereich heraus zu denken und zu handeln.

Noch zwei weitere praktische Tipps:

1. Achten Sie darauf, was die Menschen in Ihrem Umfeld sagen. Welche Aussagen sind reaktiv, welche pro-aktiv?
2. Denken Sie an eine heikle Situation, die sich in naher Zukunft ergeben könnte und in der Sie sich normalerweise reaktiv verhalten. Stellen Sie sich diese so anschaulich wie möglich vor. Was könnten Sie anders machen? Wie würde die Situation aussehen, wenn Sie sich pro-aktiv verhielten?

2.2 Zweiter Weg: Schon am Anfang das Ende im Sinn haben

Bei dem zweiten Weg geht es um die Wahl der richtigen Lebensziele. Es geht darum, zu entdecken, worin Ihr persönliches Leitbild besteht, und dieses auszuarbeiten.

Stellen Sie sich vor, Sie wären nach Ihrem Tod Zeuge Ihrer eigenen Beerdigung. Sie sehen die Gesichter der Menschen, die gekommen sind, und hören, was sie über Sie sagen. Überlegen Sie sich einmal, was Sie sich von ihnen wünschen. Wie möchten Sie an Ihrem Arbeitsplatz in Erinnerung bleiben? Und bei Ihrer Familie und

Ihren Freunden? Was würden diese Menschen über Ihren Charakter sagen und darüber, was Sie beigetragen oder geleistet haben? Mit dieser etwas herausfordernden Aufgabe können Sie herausfinden, was Ihre persönliche Definition von Erfolg ist.
Sie erkennen so, was Ihre wichtigsten Werte sind. Worum geht es Ihnen wirklich im Leben? Indem Sie bis zum Ende vorausdenken, entwickeln Sie Ihren eigenen Kompass, um zu beurteilen, ob das, was Sie heute tun, wirklich der Mühe wert ist und zu dem beiträgt, was Sie zu guter Letzt erreichen möchten. Wenn man weiß, wohin man gehen will, ist es viel leichter, zu entscheiden, welche Schritte die richtigen sind. Manche Menschen arbeiten überaus hart dafür, die soziale Leiter hinaufzusteigen, nur um dann festzustellen, dass die Leiter an der falschen Wand steht. Sie waren dann zwar aktiv, aber nicht effektiv.

Alles wird zweimal geschaffen

Hinter dem zweiten Weg „Schon am Anfang das Ende im Sinn haben" verbirgt sich ein Prinzip, ein Naturgesetz. Es lautet: Alles wird zweimal geschaffen. Alles wird zuerst ausgedacht (mentale Phase) und dann ausgeführt (physische Phase). Genau wie beim Bau eines Hauses oder bei der Gründung eines Unternehmens. Die erste Schaffensphase findet jedoch nicht immer bewusst statt, warnt Covey. Wenn wir nicht pro-aktiv handeln, wird unser Leben von den Menschen um uns herum und von den Umständen bestimmt. Ob wir nun

darüber nachdenken oder nicht, jeder Aspekt unseres Lebens hat eine erste Schaffensphase.
Covey zufolge geht es in der ersten Schaffensphase, dem Erstellen von Plänen, um „Führung". In der zweiten Schaffensphase, der Umsetzung, geht es um „Management". Seiner Auffassung nach sollte Führung immer dem Management vorangehen. Denn ein Manager versucht meistens, die Leiter so schnell wie möglich zu erklimmen. Eine Führungspersönlichkeit wird zunächst prüfen, ob die Leiter an der richtigen Wand steht.
Dem Unterschied zwischen Führung und Management begegnet man auch im familiären Bereich. Viele Eltern sind zu sehr mit Regeln und Kontrolle beschäftigt und zu wenig mit der Richtung, dem Ziel und einem guten Familienleben.

Nach einem Leitbild leben

Unsere Vorstellungskraft und unser Gewissen sind für persönliche Führungsqualität von wesentlicher Bedeutung, sagt Covey. Mit unserer Vorstellungskraft schaffen wir eine imaginäre Welt, ein Bild von unserer Zukunft. Und mittels unseres Gewissens legen wir an dieses Bild die Messlatte universeller Gesetze bzw. Prinzipien an. Dadurch wissen wir, was richtig und was gut ist.
Indem wir unsere Vorstellungskraft und unser Gewissen mit unserem Selbstbewusstsein kombinieren, können wir unser eigenes Drehbuch schreiben, unseren eigenen Plan für unsere eigene Zukunft. Eigentlich, so

Covey, bedeutet dies in der Praxis vor allem, dass wir diesen Plan überarbeiten und umschreiben, denn wir alle leben bereits mit Drehbüchern, die wir ungefragt auf unseren Lebensweg mitbekommen haben. Von unseren Eltern, von unseren Freunden. Indem wir unser eigenes, auf zeitlosen Prinzipien basierendes Drehbuch schreiben, entwickeln wir einen neuen persönlichen Maßstab für unser tägliches Handeln.
Dies ist nicht nur beruflich relevant, sondern auch privat. Besonders in der Beziehung zu seinem Partner oder seinen Kindern reagiert man oft aus den augenblicklichen Emotionen heraus und nicht mit Blick auf die eigenen langfristigen Ziele. Oder man hat keine Zeit für seine Familie, weil man von allen möglichen Trivialitäten abgelenkt wird. Konzentrieren Sie sich also auf die Zukunft statt auf die Vergangenheit und die Umstände. Covey sagt: „Ich muss mein Leben nicht aufgrund meiner Erinnerung planen, ich kann das auch mithilfe meiner Vorstellungskraft tun."

Was steht für Sie im Zentrum?

Eine der effektivsten Formen, den zweiten Weg in der Praxis umzusetzen, ist die Erarbeitung Ihres persönlichen Leitbilds. Ihrer eigenen Philosophie, Ihres eigenen Credos, Ihres eigenen Grundgesetzes. Wer wollen Sie sein, was wollen Sie tun und welche Werte und Prinzipien gehen damit einher?
Wer sich die Zeit nimmt und sich die Mühe macht, diese Dinge zu überdenken und aufzuschreiben, wird in sei-

nem täglichen Handeln effektiver und kann auch besser mit Veränderungen umgehen, sagt Covey. Denn um sich zu ändern, muss man wissen, was man für wichtig hält, man muss seinen „unveränderlichen Kern" kennen. Worum geht es Ihnen in Ihrem Leben?

Das Erstellen eines persönlichen Leitbilds beginnt mit der Bestimmung Ihres „Zentrums": des Kerngehalts dessen, woran Sie glauben. Dieses Zentrum ist die Quelle Ihrer Sicherheit, Orientierung, Weisheit und Kraft.

- **Sicherheit:** betrifft Würde, Identität und Selbstachtung.
- **Orientierung:** gibt Ihrem Leben eine Richtung und Prinzipien, nach denen Sie handeln.
- **Weisheit:** verleiht Ihnen Urteilsvermögen und Verständnis.
- **Kraft:** ist die Fähigkeit, etwas zu verwirklichen.

Jeder hat ein Zentrum, auch wenn es ihm selbst nicht immer so deutlich vor Augen steht. Covey nennt eine Reihe gängiger Dinge, die unser Zentrum bilden können, und benennt die Nachteile, die damit verbunden sind.

- **Partnerzentriertheit:** kann zu großer emotionaler Abhängigkeit führen. Die Stimmungen und Emotionen des Partners bestimmen das eigene Wohlbefinden.
- **Familienzentriertheit**: führt oft dazu, dass man seine Sicherheit den Traditionen und der Kultur der eigenen Familie entlehnt. Jede Veränderung in die-

sem Bereich macht einen verwundbar. Wenn die Dinge in der Familie nicht so laufen wie erhofft, reagiert man emotional.

- **Geldzentriertheit:** Geld ist notwendig, doch wenn es im Zentrum steht, verfehlt es sein Ziel. Was Sicherheit bieten soll, ist dann stark von äußeren Umständen wie der wirtschaftlichen Entwicklung abhängig.
- **Arbeitszentriertheit:** Seine Identität und sein Selbstwertgefühl hauptsächlich aus seiner Arbeit abzuleiten, kann auf Kosten der Gesundheit, der Beziehungen und anderer wichtiger Aspekte des Lebens gehen.
- **Besitzzentriertheit**: Wenn man sein Sicherheitsgefühl aus seiner Reputation oder den Dingen, die man besitzt, ableitet, ist das eigene Leben ständig bedroht. Das sind Dinge, die ohne Weiteres verloren gehen können.
- **Vergnügungszentriertheit:** Unsere Kultur ermuntert zu unmittelbarer Bedürfnisbefriedigung, doch das bringt letztlich keine Erfüllung. Von den zahlreichen schnellen Vergnügungen abgelenkt, kommt man nicht zu den wirklich wichtigen Dingen.
- **Freundschafts- und Feindschaftszentriertheit**: Die vier grundlegenden Faktoren des Lebens – Sicherheit, Orientierung, Weisheit und Kraft – werden von den wechselnden Stimmungen und Verhaltensweisen anderer abhängig. Dies gilt sowohl für die Freundschafts- als auch für die Feindschaftszen-

triertheit. Menschen sind so besessen von dem, was ihnen ein anderer angetan hat, dass sie ihr ganzes Leben davon beherrschen lassen und keine eigene Wahl mehr treffen können.

- **Kirchenzentriertheit**: Der Besuch einer Kirche oder eines anderen Gotteshauses ist nicht gleichbedeutend mit persönlicher Spiritualität. Man kann in der Kirche sehr aktiv sein und sich dennoch nicht mit seinem Glauben befassen. Man kann sich sonntags ganz anders verhalten als unter der Woche. Die Kirche ist ein Mittel, kein Zweck.
- **Ichzentriertheit:** Dieses Zentrum ist heute vielleicht am weitesten verbreitet. Doch, so hebt Covey hervor, das „Ich" ist nur in begrenztem Maße eine Quelle von Sicherheit, Orientierung, Weisheit und Kraft.

Prinzipien als Zentrum

Viele der gewählten Zentren erfüllen nicht, was sie scheinbar versprechen. Sie bieten keine Sicherheit, keine Orientierung, keine Weisheit und keine Kraft. Darüber hinaus lassen sich viele Menschen von den momentanen Umständen beeinflussen. Je nach Situation wird dann ein anderes Zentrum aktiviert. Im Gespräch mit einer Führungskraft entscheiden sie sich zum Beispiel für die Arbeit als Zentrum. Eine Stunde später, mit Kollegen an der Kaffeemaschine, entscheiden sie sich für das Vergnügen als Zentrum. Wenn die Bedürfnisse des einen Zentrums befriedigt sind, übernimmt ein anderes

Zentrum die Führung. Auf diese Weise wird das Leben zu einer großen Schlingerbewegung. Sie gehen den Weg des geringsten Widerstandes.

Covey plädiert dafür, dass wir uns für Prinzipien als Ausgangspunkt, als Zentrum unseres Lebens entscheiden. Warum? Menschen und Dinge können sich ändern, nicht aber Prinzipien. Prinzipien sind Naturgesetze der persönlichen Lebensgestaltung und der menschlichen Beziehungen. Sie garantieren einen stabilen Kern Ihres persönlichen Leitbilds. Und sie bilden die Basis für die sieben Wege. Prinzipien gelten für uns alle, ob wir uns ihrer bewusst sind oder nicht.

Wie unser Zentrum in der Praxis unsere Entscheidungen und unser Handeln bestimmt, veranschaulicht Covey an einem Beispiel. Angenommen, Sie haben sich mit Ihrem Partner zu einem Konzert verabredet. Sie haben bereits die Konzertkarten und freuen sich gemeinsam darauf. Doch plötzlich erhalten Sie einen Anruf von Ihrer Arbeitsstelle. Ihr Vorgesetzter bittet Sie dringend, ihm bei der Vorbereitung eines wichtigen Meetings an diesem Abend zu helfen. Was tun Sie nun?

- Wenn Ihre Familie Ihr Zentrum bildet, versuchen Sie, sich der Bitte Ihres Chefs zu entziehen. Oder Sie gehen notfalls ein paar Stunden zur Arbeit, um dann noch einen Teil des Konzerts mitzubekommen.
- Wenn Geld für Sie im Zentrum steht, freuen Sie sich über die Überstunden, die Sie machen können.
- Wenn die Arbeit für Sie im Zentrum steht, betrachten Sie das als eine Chance, voranzukommen.

- Wenn das Vergnügen für Sie im Zentrum steht, gehen Sie zum Konzert. Selbst dann, wenn Ihr Partner es lieber sähe, dass Sie diese wichtige Aufgabe übernehmen würden.

Wenn jedoch Prinzipien für Sie im Zentrum stehen, versuchen Sie, sich von den momentanen Emotionen und anderen Faktoren zu befreien. Sie betrachten das Gesamtbild: die Arbeit, die Familie und die Folgen Ihrer Entscheidung. Sie wägen alles gegeneinander ab. Vielleicht entscheiden Sie sich für eine der oben genannten Möglichkeiten, aber der Weg, auf dem Sie zu dieser Entscheidung kommen, wird ein anderer sein. Sie entscheiden sich nicht aufgrund der Umstände, sondern pro-aktiv, auf Basis der Werte, die Ihnen in Ihrem Leben wichtig sind. Da Sie nach Prinzipien denken und handeln, können Sie diese Wahl auch Ihrem Partner und Ihrem Chef erklären. Und zu guter Letzt wissen Sie, dass Sie Ihre Wahl auf die richtige Weise getroffen haben.

Ein persönliches Leitbild formulieren und sein Leben danach ausrichten

Ein persönliches Leitbild wählt man niemals leichtfertig, man verfasst es nicht an einem Nachmittag. Zunächst einmal bedarf es einer ernsthaften Selbstprüfung, um herauszufinden, wer man sein will, was man tun will und was die eigene Werte sind. Nach Auffassung von Viktor Frankl verhält es sich nicht so, dass wir

ein Ziel in unserem Leben wählen, wir entdecken es vielmehr in uns selbst.
Auch das Formulieren eines persönlichen Leitbilds kostet Zeit. Oftmals benötigt man mehrere Versionen, und auch über einen längeren Zeitraum betrachtet bedarf es häufig immer wieder einer Überarbeitung. Darüber hinaus ist der Prozess des Schreibens selbst mindestens ebenso wichtig wie das Endergebnis. Durch das Schreiben und Umschreiben zwingt man sich, über seine Prioritäten und sein Verhalten gut nachzudenken.
Covey gibt eine Vielzahl von Ratschlägen für die Arbeit an einem persönlichen Leitbild:

- Hilfreich ist es, seinen eigenen Horizont zu erweitern: Richten Sie den Blick auf wichtige Momente in Ihrem zukünftigen Leben. Denken Sie an Ihren 25. Hochzeitstag, Ihre Pensionierung, Ihre Beerdigung und fragen Sie sich, was Ihnen in diesen Momenten wirklich wichtig ist.
- Ebenfalls hilfreich ist Visualisierung: Sehen Sie vor Ihrem inneren Auge, wie Sie leben möchten, und beschreiben Sie diese Bilder. Üben Sie in Ihrer Vorstellung zukünftige Situationen ein. Das trägt dazu bei, Ihre Ideale zu präzisieren. Und es gewährleistet, dass Ihnen diese Situation, sollte sie sich einmal ergeben, nicht mehr fremd ist und Sie bereits eine Vorstellung davon haben, wie Sie sich verhalten wollen.
- Sehr praktisch ist es, Ihr Leitbild in verschiedene Rollen und Ziele zu unterteilen. Wir alle nehmen in unserem Leben unterschiedliche Rollen ein: als Ehe-

partner, als Eltern, als Berufstätige, als Sportler oder als Studenten. In all diesen Rollen haben wir Ziele. Wer möchten Sie als Ehepartner, als Bruder oder Schwester oder als Kollege sein?

- Covey zufolge umfasst ein gut geschriebenes Leitbild fünf verschiedene Bestandteile: Es muss persönlich sein, es muss positiv formuliert sein, es muss auf die Gegenwart bezogen sein, es muss visuell sein und es muss mit Gefühl geschrieben sein.

Familienleitbilder

Auch Familien, Institutionen und Unternehmen funktionieren besser, wenn sie den zweiten Weg beschreiten: schon am Anfang das Ende im Sinn haben. Viele Familien sind bestimmt von den Anforderungen des Alltags. Krisen, Stimmungen und schnelle Lösungen diktieren den Verlauf des Geschehens. Dies führt – wenn sich Stress aufbaut – oft zu Zynismus, Vorwürfen und Streitigkeiten.

Covey setzt sich dafür ein, dass auch die Familien ein Leitbild formulieren, das auf gemeinsamen Prinzipien beruht. Die Basis einer Familie sollte aus stabilen, gemeinsamen Ansichten und Werten bestehen. Wie bei der Arbeit an einem individuellen Leitbild ist der Prozess mindestens ebenso wichtig wie das Ergebnis. Indem Sie ein Leitbild formulieren und präzisieren, können Sie dem Familienleben einen positiven Impuls geben.

Covey rät dazu, dass jedes Familienmitglied seinen eigenen Entwurf macht. Aus diesen einzelnen Versionen erstellt man dann eine erste Version eines gemeinsamen Leitbilds, wobei man möglichst die Formulierungen jedes einzelnen Familienmitglieds übernimmt. Danach machen sich alle daran, dieses Leitbild gemeinsam zu präzisieren. Durch diesen Prozess sprechen die Familienmitglieder miteinander über die Dinge, die ihnen wirklich wichtig sind.

Unternehmensleitbilder

Covey hat viele Unternehmen bei der Entwicklung ihres Leitbilds unterstützt. Wesentlich ist, dass alle im Unternehmen beteiligt sind, nicht nur das Management. „Keine Beteiligung, keine Verbindlichkeit", sagt Covey. Auch innerhalb von Unternehmen ist der Prozess mindestens ebenso wichtig wie das Endergebnis. Er erfordert Zeit, Geduld und Verständnis.

Covey erzählt, dass er einmal in einem Hotel logierte, das die Entwicklung eines Leitbilds wirklich ernst genommen hatte. Einer der Mitarbeiter stand auf einer Leiter, um die Fenster zu putzen. Von seinem Platz aus sah der Mann, wie eine Frau im Garten Probleme mit ihrer Gehhilfe hatte. Es waren zwar Kollegen in der Nähe, aber er sah sie zuerst, stieg die Leiter herunter und half der Frau in die Lobby. Dann fuhr er fort, die Fenster zu putzen.

Als Covey nachfragte, stellte sich heraus, dass dieses Hotel nicht nur ein übergreifendes Leitbild für alle hatte – „absoluter persönlicher Service" –, sondern dass alle Mitarbeiter auch an der Übertragung dieses Credos auf die verschiedenen Abteilungen mitgewirkt hatten. Das Leitbild des Hotels war mit der Nabe eines großen Rades vergleichbar. Die Speichen des Rades standen für die Aufgaben der verschiedenen Mitarbeitergruppen. Auf diese Weise diente das Leitbild des Hotels als Maßstab für alle täglichen Entscheidungen.

Praktische Umsetzung

1. Nehmen Sie sich noch einmal die Übung vor, in der Sie sich Ihre eigene Beerdigung vorstellen. Schreiben Sie Ihre Ideen und Gefühle auf.
2. Gehen Sie noch einmal die Liste der möglichen Zentren für Ihr Leben durch. Erkennen Sie etwas von dem, was hier gesagt wird, wieder?
3. Denken Sie über die Rollen nach, die Sie in Ihrem Leben haben, und schreiben Sie auf, was für ein Mensch Sie in diesen Rollen sein möchten.
4. Machen Sie sich Notizen, sammeln Sie Kommentare, Ideen, inspirierende Bilder und Zitate. Und planen Sie zusätzlich zu Ihren anderen Aktivitäten Zeit ein, um an Ihrem persönlichen Leitbild zu schreiben.

2.3 Dritter Weg: Das Wichtigste zuerst tun

Bei dem dritten der sieben Wege geht es um Selbstmanagement. Er hilft uns, Raum und Zeit zu schaffen, um unser Denken und Handeln auf unser Leitbild abzustimmen.

Covey stellt dem Leser zwei eindringliche Fragen:

1. Welche einzige Sache, die Sie tun könnten (aber gegenwärtig nicht tun), hätte einen enormen positiven Effekt auf Ihr Privatleben, wenn Sie sie regelmäßig tun würden?
2. Welche einzige Sache wäre dies bezogen auf Ihre Arbeit?

Behalten Sie Ihre Antworten im Kopf oder schreiben Sie sie auf. Wir kommen später auf die beiden Fragen zurück.

Der freie Wille

Der Mensch ist durch eine Reihe einzigartiger Fähigkeiten gekennzeichnet. Wir verfügen über Selbstbewusstsein, Vorstellungskraft und ein Gewissen. Außerdem haben wir noch eine weitere einzigartige Qualität: den freien Willen. Er ermöglicht es uns, Entscheidungen zu treffen und danach zu handeln. „Der freie Wille verhindert, dass man gelebt wird", sagt Covey. Wir nehmen unser Schicksal selbst in die Hand, indem wir unseren freien Willen bei unseren tagtäglichen Entscheidungen und Handlungen einsetzen.
Führung bedeutet, zu entscheiden, was im eigenen Leben wichtig ist; darum geht es bei dem zweiten Weg. Beim dritten Weg geht es um effektives Management. Es geht darum, die wichtigen Dinge zuerst praktisch umzusetzen und manchmal auch Dinge zu tun, die nicht angenehm sind. Coveys Auffassung nach zeichnen sich erfolgreiche Menschen dadurch aus, dass sie ihre Ab-

neigung gegen bestimmte Aufgaben ihren Zielen unterordnen können. Er betont: „Es erfordert ein brennendes ‚Ja' im Inneren, das es möglich macht, ‚Nein' zu anderen Dingen zu sagen."

Zeitmanagement

Ein wichtiger Aspekt des dritten Weges ist das Zeitmanagement. Im Wesentlichen geht es dabei um die Organisation und Ausführung von Aufgaben aufgrund von Prioritäten. Natürlich sind Zeitpläne, Terminkalender und Effizienz dabei wichtig, aber das ultimative Ziel des Zeitmanagements ist es, den Dingen, die in unserem Leben wirklich wichtig sind, Zeit und Raum zu geben. Dazu gehört das Bemühen um ein gutes Gleichgewicht zwischen der Produktion und der Produktionskapazität, das P/PK-Gleichgewicht, das bereits im ersten Kapitel thematisiert wurde.

Bei all unseren Aktivitäten sind zwei Faktoren wichtig: die Dringlichkeit und die Wichtigkeit der Aktivität. Dringlichkeit bedeutet, dass etwas Ihre sofortige Aufmerksamkeit erfordert. Dabei geht es oft um klare, ins Auge springende Aufgaben, die Sie unter Druck setzen. Ob etwas wichtig ist, hängt jedoch von den Ergebnissen ab, die man damit erzielt. Wichtige Aktivitäten tragen zu Ihrem Lebensziel, zu Ihren Werten und Ihren obersten Prioritäten bei. Auf der Grundlage dieser beiden Faktoren lässt sich eine Zeitmanagement-Matrix mit vier Quadranten erstellen:

Quadrant I: Aufgaben, die wichtig und dringend sind. Tätigkeiten: *Krisen, dringliche Probleme, Projekte mit anstehendem Abgabetermin*	**Quadrant II:** wichtig, aber nicht dringend. Tätigkeiten: *Vorbeugung, PK-Tätigkeiten, Beziehungsarbeit, neue Möglichkeiten erkennen, Planung, Erholung*
Quadrant III: nicht wichtig, aber dringend. Tätigkeiten: *Unterbrechungen, einige Anrufe, manche Post, einige Berichte, einige Konferenzen, unmittelbare Angelegenheiten*	**Quadrant IV:** nicht wichtig, nicht dringend. Tätigkeiten: *Triviales, Geschäftigkeiten, manche Post, einige Anrufe, Zeitverschwender, angenehme Tätigkeiten*

Der Quadrant I enthält Aufgaben, die wir für gewöhnlich mit Worten wie „Krise" oder „Problem" belegen. Man kann vollständig in diesen Aktivitäten aufgehen, sich völlig von ihnen beherrschen lassen und hetzt dann von einer Krise zur nächsten.

Manche Menschen verbringen viel Zeit im Quadranten III – nicht wichtig, aber dringend – in der Annahme, sie würden in Quadrant I arbeiten. Beispielsweise weil andere irrelevante Dinge als wichtig darstellen. „Können Sie schnell mal nachsehen?" „Ich habe später eine Besprechung, könnten Sie mir dafür einen Überblick über die wöchentlichen Zahlen geben?" Menschen, die ihre Zeit hauptsächlich in den Quadranten III und IV verbringen, also im Bereich der Ablenkung und kurzfristigen Bedürfnisbefriedigung, führen in Coveys Augen ein unverantwortliches Leben.

Wer ein sinnvolles Leben führen will, hält sich so weit wie möglich von den Quadranten III und IV fern. Diese Aktivitäten sind nicht wichtig. Sie haben keinen Bezug zu Ihrem Leitbild und Ihren Zielen. Effektivität bedeutet: den Umfang des Quadranten I zu begrenzen und sich auf den Quadranten II zu konzentrieren. In Quadrant II geht es um Aktivitäten wie Beziehungsarbeit, Planung, Vorbereitung und die Erkundung neuer Möglichkeiten. „Quadrant II ist das Herzstück effektiven Selbstmanagements", sagt Covey. Wenn Sie Ihre Zeit so verbringen, halten Sie Ihr P/PK-Gleichgewicht aufrecht. In Quadrant II geht es um Leitbild, Perspektive, Gleichgewicht und Disziplin. Sie behalten die Kontrolle über Ihr Leben, und da Sie rechtzeitig an wichtigen Themen arbeiten, kommt es immer seltener zu Krisen.

Denken Sie an die beiden Fragen zurück, die wir Ihnen vorhin, am Anfang des Kapitels, gestellt haben, und schauen Sie sich Ihre Antworten an. Wahrscheinlich handelt es sich bei beiden Antworten um Aktivitäten im Quadranten II. Sie sind wichtig, aber nicht dringend. Und weil sie nicht dringend sind, gehen Sie sie jetzt nicht an.

Leben im Quadranten II

Wenn Sie mehr Zeit für das wirklich Wichtige aufwenden möchten, sollten Sie zunächst einmal damit beginnen, den Quadranten III und IV weniger Zeit zu widmen. Wer keine Zeit mehr für unwichtige Dinge verschwendet, hat mehr Zeit für Aktivitäten im Quadranten II, beispielsweise für die gute Vorbereitung der eigenen Arbeit und die Beziehungspflege. Dadurch werden sich auch die (wichtigen und dringenden) Aufgaben im Quadranten I im Laufe der Zeit reduzieren.

Das macht es jedoch erforderlich, Nein zu Aufgaben zu sagen, die nicht auf Ihrer Prioritätenliste stehen. Das wird leichter, wenn Sie in Ihrem Leben ein klares Zentrum haben (1. Weg) und ein persönliches Leitbild formuliert haben (2. Weg). Für ein Leben auf der Grundlage des Quadranten II gelten sechs wichtige Kriterien:

1. **Kohärenz:** Es muss eine Harmonie zwischen Ihrer Vision, Ihrem Leitbild, Ihren Rollen, Ihren Zielen, Ihren Prioritäten und Ihren Aktivitäten bestehen. Das bedeutet, dass Ihr persönliches Leitbild einen zentralen Platz in Ihrer Planung einnehmen sollte.
2. **Ausgewogenheit:** Elemente wie Gesundheit, Arbeit und Familie müssen sich im Gleichgewicht befinden. Erfolg in einem Bereich, zum Beispiel bei der Arbeit, ist keine Kompensation für Verluste in einem anderen Bereich, zum Beispiel im Beziehungsleben.
3. **Fokus:** Erstellen Sie einen Wochenplan und leiten Sie daraus Ihre täglichen Prioritäten ab.
4. **Der „menschliche" Faktor:** Manchmal muss man seinen Zeitplan den Menschen in seinem Umfeld unterordnen. Das zeichnet ein effektives Leben aus.
5. **Flexibilität:** Ihr Zeitplan ist für Sie da, nicht Sie für Ihren Zeitplan.

6. **Handlichkeit (oder Zugänglichkeit):** Sie sollten Ihren Zeitplan immer dabeihaben und jederzeit in der Lage sein, an Ihrem persönlichen Leitbild zu arbeiten.

Um den dritten Weg in die Praxis umzusetzen, erstellen Sie einen Wochenplan in vier Schritten:

1. **Rollen definieren:** Denken Sie über die kommende Woche nach und beschreiben Sie, in welche Rollen – Elternteil, Individuum, Berufstätiger, Sportler – Sie Ihre Zeit und Energie investieren möchten.
2. **Ziele auswählen:** Wählen Sie zwei oder drei wichtige Resultate pro Rolle, die Sie erreichen wollen. Versuchen Sie, Ihre Ziele aus Ihrem persönlichen Leitbild abzuleiten.
3. **Terminplanung:** Ordnen Sie Ihre Rollen und Ziele in einen Wochenplan ein. Planen Sie zunächst Ihre Aktivitäten im Quadranten II. Beginnen Sie mit dem Wichtigsten.
4. **Tägliches Anpassen:** Widmen Sie jeden Morgen ein paar Minuten Ihrem Terminplan. Finden Sie heraus, wo aufgrund unerwarteter Ereignisse Anpassungen Ihres Zeitplans erforderlich sind.

Es kann sein, dass Sie nicht immer in der Lage sind, eine Woche im Voraus zu überblicken. Manchmal muss man improvisieren. Dies gilt ganz gewiss für den Kontakt und die Beziehung zu anderen Menschen. Das ist kein Problem, solange Sie Ihre Entscheidungen prinzipienzentriert und gemäß Ihrem Leitbild treffen.

Ein derartiges Selbstmanagement hat verschiedene Vorteile: Sie leben nach Prinzipien; Sie lassen sich von Ihrem Gewissen leiten; in Ihrem Leben geht es um Ihre einzigartige menschliche Bestimmung; Sie schaffen in Ihrem Leben ein Gleichgewicht; und der wöchentliche Plan hilft Ihnen, Ihr Leben in einen weiteren Rahmen zu stellen, denn Sie denken nicht in Aufgaben, sondern in Rollen, Zielen und Werten.
Letztlich geht es bei effektivem Selbstmanagement nicht um irgendeine Methode oder ein Instrument. Es geht um das Quadrant-II-Paradigma: Sie stellen wichtige Angelegenheiten über dringende und unwichtige. Darüber hinaus sind alle sieben Wege und die damit verbundenen Handlungen in Quadrant II angesiedelt. Sie sind wichtig, aber normalerweise nicht dringend.

Effektiv delegieren

Wer wirklich etwas erreichen will, muss lernen, zu delegieren. Das kann Ihre Effektivität erheblich steigern. Dinge anderen zu überlassen, weil man nicht mehr alles allein machen kann, betrachtet man im Nachhinein oft als eine der klügsten Entscheidungen seines Lebens. Grob gesprochen lassen sich zwei Formen des Delegierens unterscheiden: „Delegieren an einen Erfüllungsgehilfen" (Aufgaben-Delegation) und „Delegieren an einen Selbstverantwortlichen" (Verantwortungs-Delegation). An einen Erfüllungsgehilfen zu delegieren bedeutet, dem anderen detailliert vorzuschreiben, was er zu tun hat: „Tu dies, tu das, geh dorthin." Dabei nutzt man nicht wirklich die Fähigkeiten des anderen. Man macht sich nicht bewusst, dass er auch über Selbstbewusstsein, Vorstellungskraft, ein Gewissen und einen freien Willen verfügt. Er wird nicht als gleichwertig angesehen. Das Delegieren an einen Selbstverantwortlichen funktioniert anders. Es bedeutet, dass man sich auf Ergebnisse und nicht auf die Vorgehensweise konzentriert. Man gibt dem anderen die Möglichkeit, über sein Vorgehen selbst zu bestimmen. Das erfordert Klarheit, Verständnis füreinander, Vertrauen und Konzentration auf die folgenden fünf Dinge:

1. **Erwünschte Ergebnisse:** Klären Sie miteinander, welche Ergebnisse erreicht werden sollen. Schreiben Sie keine Methoden vor.
2. **Richtlinien:** Besprechen Sie einige grundlegende Regeln. Gehen Sie auch darauf ein, was bei einer Aufgabe schiefgehen kann. Helfen Sie Ihrem Gegenüber, aus den Fehlern anderer zu lernen.
3. **Ressourcen:** Sprechen Sie an, was dem anderen zur Ausführung einer Aufgabe an Unterstützung, Geld und Technik zur Verfügung steht.
4. **Verantwortung:** Legen Sie Leistungsstandards und auch die Zeitpunkte für die Berichterstattung und die Bewertung der Ergebnisse fest.
5. **Konsequenzen:** Machen Sie deutlich, was passiert, wenn die Ergebnisse erreicht werden oder nicht.

Covey erzählt, wie er einmal versuchte, diese Methode bei seinem damals siebenjährigen Sohn Stephen jr. anzuwenden. Der Junge sollte den Rasen im Vorgarten pflegen. Das Ziel war klar: Er sollte grün und sauber sein. Sie vereinbarten, dass Stephen jr. der Chef sein sollte und sein Vater ihm helfen würde, wenn er Zeit hätte. Aber Stephen jr. wusste nicht recht, wie er es anfangen sollte, und der Rasen sah erbärmlich aus. Nach einigen Tagen beschloss Covey, ihm zu helfen. Stephen jr. durfte sagen, was getan werden sollte, er blieb der Verantwortliche. Zu guter Letzt wurde es „sein" Rasen und er lernte, ihn besser zu pflegen.

Was lässt sich daraus lernen? Verantwortungs-Delegation erfordert Geduld und Vertrauen. Außerdem muss man bereit sein, jemanden zu begleiten, bis er kompetent genug ist. Am Ende wird der Selbstverantwortliche so sein eigener Chef. Das ist vielleicht der beste Gradmesser für effektives Management, weil derjenige, der auf diese Weise delegiert, seine Produktionskapazität erhöht. Und durch das Vertrauen, das man einem anderen entgegenbringt, trägt man auch zu dessen persönlicher Entwicklung bei.

Praktische Umsetzung

1. Zeichnen Sie eine Zeitmanagement-Matrix und schätzen Sie ein, wie viel Ihrer Zeit Sie in jedem der vier Quadranten verbringen. Dann messen Sie die tatsächliche Zeit drei Tage lang. Überprüfen Sie Ihre erste Schätzung. War sie richtig? Wie zufrieden sind Sie mit Ihrer Zeitaufteilung?

2. Legen Sie eine Liste der Verantwortlichkeiten an, die Sie eventuell delegieren können, und auch eine Liste der Personen, die diese Arbeit übernehmen könnten, möglicherweise nachdem Sie sie ausgebildet haben. Was ist nötig, um diese Verantwortung zu delegieren oder die Menschen auszubilden?
3. Planen Sie für die kommende Woche. Halten Sie Ihre unterschiedlichen Rollen fest und notieren Sie Ihre Ziele in der jeweiligen Rolle. Fügen Sie sie dann in Ihren Wochenplan ein. Überprüfen Sie am Ende der Woche, ob es Ihnen gelungen ist, Ihren Werten und Zielen Raum in Ihrem täglichen Leben zu geben.

Wenn Sie an diesen drei Wegen arbeiten, wird Ihre Unabhängigkeit wachsen.

- ***Der erste Weg hat uns gelehrt, dass wir selbst die Führung übernehmen müssen.***
- ***Beim zweiten Weg geht es um die Formulierung eines Leitbilds für Ihr Leben.***
- ***Mit dem dritten Weg können wir unser Leitbild in die Praxis umsetzen.***

Danach können wir an der nächsten Phase innerhalb des Reifekontinuums arbeiten: an der wechselseitigen Abhängigkeit bzw. Interdependenz.

3. Weiterwachsen zur Interdependenz

Covey betont stets zwei Etappen: Zunächst muss man auf den ersten drei Wegen an seiner eigenen Unabhängigkeit arbeiten. Erst danach kann man auf den folgenden drei Wegen wirkliche Effektivität in der Zusammenarbeit mit anderen erreichen. Mit anderen Worten: Um eine fruchtbare und langfristige Beziehung mit einem anderen einzugehen, muss man zunächst eine gute Beziehung zu sich selbst haben. Das erreichen Sie auf der Basis eines starken eigenen Zentrums, das sich auszeichnet durch gute Prinzipien, Pro-Aktivität und die Fähigkeit, Ihren Prioritäten treu zu bleiben. Sie respektieren sich erst dann wirklich selbst, wenn Sie Macht über sich haben, wenn Sie unabhängig sind. Covey sagt: „Unabhängigkeit ist eine Leistung. Wechselseitige Abhängigkeit ist eine Wahl, die nur unabhängige Menschen treffen können."

Das emotionale Beziehungskonto

Die Entscheidung für wechselseitige Abhängigkeit bzw. Interdependenz und damit für das Eingehen gesunder, effektiver Beziehungen eröffnet große Chancen. Chancen auf Wachstum, Entwicklung und eine höhere Produktivität, die Chance, einen wertvollen Beitrag zu leisten. Covey weist aber auch darauf hin, dass die wechselseitige Abhängigkeit Risiken in sich birgt –

denn gerade in Beziehungen leiden wir oft am meisten. Wir erleben Frustrationen und sehen uns schnell mit Problemen konfrontiert.

Wenn wir den Vergleich mit der P/PK-Bilanz heranziehen, dann lässt sich sagen: Wir ernten die Vorteile einer positiven Beziehung (die goldenen Eier), dürfen dabei aber nicht die Gans, die Beziehung selbst, vergessen. Deshalb führt Covey das Prinzip des emotionalen Beziehungskontos ein. Es ist der verbindende Mechanismus zwischen dem „Ich“ (dem privaten Erfolg) und dem „Wir“ (dem öffentlichen Erfolg).

Wie bei einem normalen Bankkonto können Sie Abhebungen und Einzahlungen vornehmen. Eine Abhebung reduziert das Vertrauen, das ein anderer in Sie hat, und geht zulasten des Gesamtguthabens. Mit Einzahlungen steigt das Vertrauen wieder und Sie tragen zum Sicherheitsgefühl des anderen bei. Je höher das Guthaben auf dem emotionalen Beziehungskonto ist, desto einfacher ist die Zusammenarbeit.

Es gibt sechs wichtige Einzahlungen:

1. **Den anderen verstehen:** Den anderen wirklich verstehen zu wollen, ist womöglich die größte Einzahlung, die man leisten kann. Der fünfte Weg geht hierauf näher ein.
2. **Kleinigkeiten beachten:** In Beziehungen sind die kleinen Dinge von großer Bedeutung. Kleine Gesten haben eine große Wirkung. Auch wenn ein Abendessen noch so nett und gesellig war, kann eine kleine Bemerkung über etwas, das nicht per-

fekt war, jegliche Freude Ihres Partners darüber zunichtemachen.

3. **Verpflichtungen einhalten:** Tun Sie, was Sie versprochen haben. Wenn Sie Ihre Versprechen nicht halten, heben Sie eine riesige Summe vom emotionalen Beziehungskonto ab.
4. **Erwartungen klären:** Wenn Erwartungen nicht im Vorhinein klar sind, erfüllen wir sie auf der Grundlage unserer Vermutungen. Wir lassen den anderen raten, was wir erwarten, oder raten selbst, was der andere wohl von uns erwartet. Das kann leicht schiefgehen. Dem kann man vorbeugen, indem man die Erwartungen gleich zu Anfang klarmacht; man leistet eine Einzahlung. Dies erfordert im Vorfeld Zeit und Energie, spart aber auch viel Zeit und Energie im weiteren Verlauf.
5. **Integrität zeigen:** Leben Sie in Harmonie mit dem, was Sie sagen, denken und fühlen. Covey sieht beispielsweise in der Loyalität eine der wichtigsten Möglichkeiten, Integrität zu zeigen. Wie sprechen Sie über andere, wenn sie nicht da sind? Treten Sie für Menschen ein, die nicht gegenwärtig sind? In Bezug auf wechselseitige Abhängigkeit bedeutet Integrität, dass alle gleichbehandelt werden. Es bedeutet zum Beispiel, dass Sie zu Menschen, die für Sie wichtig sein können, nicht netter sind als zu anderen.
6. **Sich für Abhebungen aufrichtig entschuldigen:** Geben Sie Fehler und Irrtümer zu. Menschen, die

sich innerlich nicht sehr sicher fühlen, tun sich damit schwerer. Sie betrachten das schnell als Zeichen von Schwäche und versuchen, ihr Verhalten zu beschönigen. Sie glauben, ihr Verhalten rechtfertigen zu können, indem sie sich Erklärungen für ihr Verhalten ausdenken. Sie entschuldigen sich der Form halber, aber man merkt dem Ganzen an, dass sie es nicht wirklich ernst meinen. Sich aufrichtig zu entschuldigen, erfordert einen starken Charakter.

In Situationen wechselseitiger Abhängigkeit spüren wir, dass wir wirklich effektiv mit dem emotionalen Beziehungskonto umgehen, wenn wir P-Probleme angehen, um PK-Möglichkeiten zu schaffen. Eine schwierige Arbeitssituation mit Ihrem Kollegen zu besprechen, kann die Beziehung zu diesem Kollegen maßgeblich stärken. Auch daran sieht man, dass der private Erfolg (das Angehen eines schwierigen Gesprächs) dem öffentlichen Erfolg (dem Gespräch selbst und seinem Ergebnis) vorangeht.
Um ein gesundes emotionales Beziehungskonto zu haben, sei es beruflich oder privat, ist es wichtig, dem anderen Vertrauen zu schenken (Einzahlungen). Das trägt zum Gefühl der Sicherheit und zum Selbstwertgefühl Ihres Gegenübers bei. Dadurch gewinnt er die Freiheit, nach seinen eigenen inneren Regeln zu handeln. Auf diese Weise geben Sie ihm Raum für Wachstum und Entwicklung.

3.1 Vierter Weg: Win-win-Denken

Der vierte Weg bezieht sich auf Ihre mentale Einstellung bei der Zusammenarbeit mit anderen. Sie denken und handeln aus einer Vorstellung der Fülle heraus, nicht des Mangels, und lassen sich davon leiten, wie Ihnen der andere begegnet.

Der erste Schritt zur Interdependenz ist ein Win-win-Denken. Das klingt einfacher, als es ist. Covey berichtet beispielsweise von einer Organisation, in der der Direktor seine Mitarbeiter permanent dazu aufforderte, mehr zusammenzuarbeiten. Doch in der wöchentlichen Besprechung ging er auf die individuellen Ergebnisse ein und belohnte anschließend den Erfolgreichsten mit einem Wochenendausflug. Damit schürte er die Rivalität. Der Erfolg des einen bedeutete einen Misserfolg für den anderen. Win-win-Denken geht davon aus, dass es genug für alle gibt. Ihr Erfolg sollte nicht auf Kosten eines anderen gehen.

Sich seines Paradigmas bewusst sein

Für Covey ist Win-win-Denken keine Technik, sondern ein Paradigma der menschlichen Interaktion. Seiner Auffassung nach gibt es sechs verschiedene Paradigmen:

1. **Gewinn/Verlust**: Wenn ich gewinne, verlierst du. Dieses Paradigma haben wir oftmals durch unsere Erziehung mitbekommen, und wenn wir nicht aufpassen, geben wir es an unsere Kinder weiter. Wenn

wir Menschen miteinander vergleichen und Geduld, Liebe oder Aufmerksamkeit als Belohnung einsetzen, lehren wir sie, in Vorstellungen von Gewinn und Verlust zu denken. Wir lehren sie, dass wir mit mehr Aufmerksamkeit oder Liebe rechnen können, wenn wir netter, klüger oder besser als andere sind. Das Denken in Gewinn und Verlust führt oft zu einer defensiven Haltung, die Kreativität und Zusammenarbeit im Wege steht.

2. **Verlust/Gewinn**: Ich lasse einen anderen auf meine Kosten gewinnen. Covey zufolge ist das schlimmer als eine Gewinn/Verlust-Einstellung. Man stellt keine Anforderungen an sich selbst, sondern versucht vor allem, von anderen gemocht zu werden. Man verliert seine Unabhängigkeit und kann dadurch keine langfristigen guten Beziehungen zu anderen aufbauen.
3. **Verlust/Verlust**: Du darfst nicht gewinnen, egal was es mich kostet. Menschen, die nach diesem Paradigma handeln, sind so besessen von ihrem Feind, dass sie nur an dessen Vernichtung denken, auch wenn das zu ihrem eigenen Untergang führt. Das macht sie von anderen abhängig.
4. **Gewinn**: Einfach nur gewinnen wollen, egal, was mit dem anderen passiert. Wenn der andere auch gewinnt, ist das in Ordnung, das kümmert mich nicht. Mit einer Gewinnermentalität stellen Sie Ihren eigenen Geschäftserfolg sicher, und Sie überlassen es anderen, das Gleiche für sich zu tun.

5. **Gewinn/Gewinn**: Nach der besten Lösung zum beiderseitigen Nutzen suchen. Es geht hierbei um Zusammenarbeit, nicht um Rivalität. Gewinn/Gewinn- bzw. Win-win-Denken ist der Glaube an einen dritten Weg. Es geht nicht um Ihren oder meinen Weg, sondern um den besseren Weg.
6. **Gewinn/Gewinn oder kein Geschäft**: Manchmal befindet man sich in einer Situation, in der man sich für Gewinn/Gewinn oder kein Geschäft entscheiden kann. Dies können zum Beispiel ein Lieferant und ein potenzieller Kunde, die gemeinsam am Verhandlungstisch sitzen, zum Ausgangspunkt nehmen. Das bedeutet, dass sie sich für eine Partnerschaft entscheiden, von der sie beide profitieren, oder keine Partnerschaft eingehen. Covey nennt dies eine höhere Form der Win-win-Einstellung, weil sie den Mut zeigt, die Zusammenarbeit zu beenden, wenn eine Win-win-Situation nicht (oder nicht mehr) möglich ist. Die Beendigung der Beziehung erfordert mehr Mut, als sich für einen Kompromiss zu entscheiden, der einer Win-win-Situation lediglich ähnlich sieht.

Nicht jede Situation erfordert die gleiche Herangehensweise, aber für langfristig gute Beziehungen sind nur Gewinn/Gewinn und Gewinn/Gewinn oder kein Geschäft reelle Optionen.
Ein Win-win-Denken erfordert ein starkes Zentrum, ein klares Leitbild und eindeutige Prioritäten. Die ersten

drei Wege bilden dafür die Basis. Darauf bauen fünf psychologische Dimensionen auf, die gemeinsam Win-win-Beziehungen ermöglichen: Mit einer Win-win-Haltung (Charakter) können Sie an Beziehungen arbeiten. Innerhalb dieser Beziehungen werden Absprachen auf der Grundlage von Win-win-Vereinbarungen getroffen. Die zugrunde liegenden Strukturen und Prozesse, die auf einer Win-win-Situation basieren, tragen zu einer dauerhaften Zusammenarbeit bei.

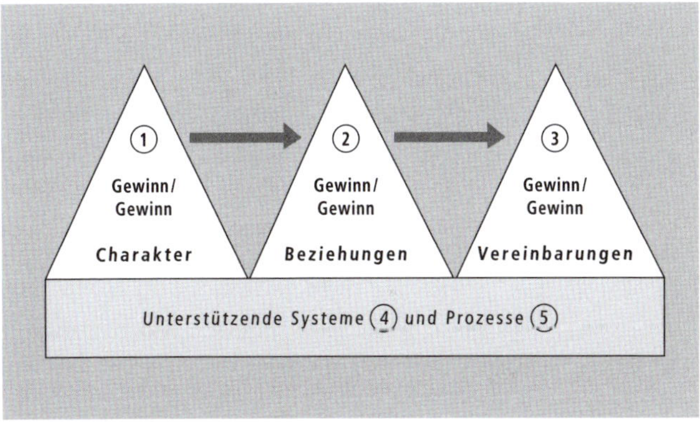

Abb. 3: Fünf Dimensionen für Win-win-Beziehungen

Charakter

Die erste Bedingung für ein Win-win-Denken ist Charakter: Sind Sie stark genug, um eine Win-win-Haltung einzunehmen? Drei Charakterzüge sind hierfür besonders wichtig: Integrität, Reife und eine Überfluss-Mentalität.

Integrität ist eine Eigenschaft, die Sie bereits auf Ihrem Weg zur Unabhängigkeit entwickelt haben. Sie leben nach Ihren Werten und sind darin konsequent; Sie halten Ihre Vereinbarungen sich selbst und anderen gegenüber ein. Ohne diese Vertrauensbasis wird die Beziehung zu anderen bald ihren Wert verlieren.

Ein starker Charakter erfordert auch Reife. „Reife ist die Fähigkeit, für die eigenen Überzeugungen und Gefühle einzustehen, ohne die anderer außer Acht zu lassen", zitiert Covey Hrand Saxenian. Bei Reife geht es um eine Balance zwischen Mut und Rücksichtnahme. Haben Sie den Mut, für Ihre Meinung, Ihr Leitbild und Ihre Interessen einzustehen, und üben Sie genügend Rücksicht, um sich mit den Leitbildern und Interessen anderer eingehend zu befassen? Für ein Win-win-Denken braucht man viel von beidem.

Schließlich ist eine Überfluss-Mentalität erforderlich. Ein Mangeldenker glaubt, dass es von allem in diesem Leben nur eine begrenzte Menge gibt. Wenn sich ein anderer einen großen Teil nimmt, bleibt weniger für ihn selbst übrig. Er kann Dinge wie Anerkennung, Macht, Erfolg und Profit deshalb nicht einfach teilen, selbst nicht mit Menschen, die dazu beigetragen haben. Er ist auch oft eifersüchtig. Der Überflussdenker betrachtet die gleichen Situationen auf ganz andere Weise. Aus einem starken inneren Gefühl der Selbstachtung und Sicherheit heraus geht er davon aus, dass genug für alle da ist. So entsteht die Bereitschaft, zu teilen und andere in Entscheidungen einzubeziehen. Auf diese Weise schafft er neue Möglichkeiten und stimuliert die Kreativität.

Nicht umsonst geht es in der zweiten Phase des Reifekontinuums um öffentlichen Erfolg, doch der ist kein Sieg über andere. Als Resultate dieser Einstellung ergeben sich Zusammenarbeit, Kommunikation und ein gemeinsames Erreichen von Zielen, was unabhängig voneinander nicht möglich gewesen wäre. Öffentliche Erfolge stehen und fallen mit der Überfluss-Mentalität.

Beziehungen

Die zweite psychologische Dimension von Gewinn/Gewinn betrifft Beziehungen. Ein starker Charakter befähigt Sie dazu, gute Beziehungen einzugehen. Vertrauen bildet die Grundlage für die Stärkung dieser Beziehungen. Auf der Grundlage eines hohen positiven Saldos auf dem emotionalen Beziehungskonto und eines entsprechend großen gegenseitigen Vertrauens kann man voneinander lernen und den Mut aufbringen, kreativ zu sein. In Beziehungen, in denen die wechselseitigen emotionalen Beziehungskonten einen hohen positiven Saldo aufweisen und beide Parteien über eine Überfluss-Mentalität verfügen, kann man sogar Synergie anstreben (6. Weg). Dazu später mehr.

Aber selbst in Beziehungen, in denen der andere ein Gewinn/Verlust-Paradigma verfolgt, kann man zu guten Lösungen gelangen. Dank Ihrer Unabhängigkeit können Sie an Ihrer eigenen Win-win-Haltung und Ihrer Überfluss-Mentalität festhalten. Bleiben Sie beharrlich (privater Erfolg), selbst wenn Ihnen die andere Person entgegenarbeitet. Wenn Sie aus Ihrem Einflussbereich heraus arbeiten und den fünften und sechsten Weg gut umsetzen, können Sie zu Lösungen gelangen, die sowohl für Sie selbst als auch für Ihr Gegenüber gewinnbringend sind. Eine effektive, langfristige Beziehung erfordert jedoch die aufrichtige Intention, sich wechselseitig von Nutzen zu sein.

Vereinbarungen

Um in einer Beziehung zu einer Win-win-Situation zu kommen, sind klare Absprachen und Vereinbarungen nötig. Diese Win-win-Vereinbarungen müssen fünf Aspekten gerecht werden, die bereits beim effektiven Delegieren (3. Weg) thematisiert wurden. Wichtig ist, dass sich Menschen auf der Grundlage einer solchen Vereinbarung selbst einschätzen können.

1. **Gewünschte Resultate:** bilden den Ausgangspunkt dafür, was zu tun ist und bis wann es geschehen soll.
2. **Richtlinien:** spezifizieren einige Grundregeln für das Erreichen dieser Resultate.
3. **Ressourcen:** beschreiben alle menschlichen, finanziellen, technischen oder organisatorischen Instrumente, um die Ergebnisse zu erreichen.
4. **Verantwortlichkeit:** legt die Standards für die Leistung und den Zeitpunkt der Bewertung fest.
5. **Konsequenzen:** geben an, was aufgrund der Bewertung geschehen wird.

Im letzten Element, den Konsequenzen, wird festgelegt, was es für beide Parteien bedeutet, wenn die festgelegten Ergebnisse erreicht werden oder nicht. Indem man festlegt, welche Folgen das hat, macht man schon im Vorfeld die Bedeutung des Ganzen deutlich. „Es gibt eigentlich nur vier Arten von Konsequenzen (Belohnungen und Strafen), die ein Unternehmensmanagement versprechen kann, und für die Eltern gilt das Gleiche", sagt Covey, „finanzielle Konsequenzen, psychologische Konsequenzen, Chancen und Verantwortung." Beide Parteien kennen die Auswirkungen. Sie müssen nicht mit Erwartungen leben, die zu Frustrationen führen, wenn sie sich nicht erfüllen. Durch die Ausarbeitung einer Win-win-Vereinbarung klären Sie die Erwartungen aller Beteiligten. Sie helfen Menschen, erfolgreich zu sein, und versetzen sie in die Lage, sich selbst zu managen.

Strukturen

Die vierte Dimension, nach Charakter, Beziehungen und Vereinbarungen, sind die Strukturen. Der Ausgangspunkt ist dabei, dass man bekommt, was man belohnt. In einer von Rivalität geprägten Atmosphäre ist eine Win-win-Situation unmöglich. Denken Sie an das oben erwähnte Beispiel der Organisation, in der nur der Gewinner belohnt wird. Dieses System führt nicht zu einem Win-win-Handeln. Dazu müssten alle Systeme und Strukturen auf einem Win-win-Denken basieren.

Prozesse

Die fünfte Dimension besteht aus Prozessen. In ihnen setzen Sie Ihre Absicht, eine Win-win-Situation zu erreichen, in Ihrem täglichen Handeln um. Die Wege fünf und sechs sind stärker darauf konzentriert; sie tragen dazu bei, von einem Win-win-Denken zu echten Win-win-Lösungen zu kommen.

Praktische Umsetzung

1. Überlegen Sie sich genau, wie Sie konditioniert sind. Auf Gewinn oder auf Verlust? Wie wirkt sich diese Denkweise auf Ihren Umgang mit anderen aus? Finden Sie heraus, inwieweit Ihre Standarddenkweise für Sie nützlich ist oder Sie in Ihrem täglichen Leben behindert.
2. Denken Sie an eine Beziehung, in der eine Win-win-Vereinbarung mehr Klarheit schaffen würde. Versetzen Sie sich in den anderen hinein und fragen Sie sich, was er erwarten würde. Denken Sie darüber nach, was Sie selbst anstreben. Fragen Sie die andere Person, ob sie bereit ist, mit Ihnen Absprachen zu treffen oder eine Vereinbarung auszuarbeiten, in der Sie sich beide wiederfinden.
3. Wer ist in Ihrem Leben wirklich wichtig? Versuchen Sie, den Saldo Ihres emotionalen Beziehungskontos bei diesen Menschen einzuschätzen. Wann haben Sie das letzte Mal eine Einzahlung getätigt? Welche Einzahlungen könnten Sie bald vornehmen?

3.2 Fünfter Weg: Erst verstehen, dann verstanden werden

Beim fünften Weg geht es um die Einstellung und die Fähigkeit, sich wirklich für Einsichten und Meinungen anderer zu öffnen. Nur so können Sie auf andere Menschen Einfluss nehmen und von ihnen beeinflusst werden.

Stellen Sie sich vor, Sie gingen zu einem Optiker, um einen Sehtest zu machen, und der Optiker böte Ihnen seine eigene Brille mit der einfachen Erklärung an, diese leiste ihm schon seit mehr als zehn Jahren gute Dienste. Höchstwahrscheinlich würden Sie mit dieser Brille nicht viel besser sehen – und Sie fänden die Vorgehensweise des Optikers sicher seltsam.

Und was würden Sie von dem folgenden Gespräch zwischen einer Mutter und ihrem heranwachsenden Sohn halten?

„Komm schon, sag mir, was los ist. Ich weiß, dass es schwierig ist, aber ich werde versuchen, dich zu verstehen."

„Ach, ich weiß nicht, Mama. Du würdest es sicher für blöd halten."

„Nein, bestimmt nicht. Du kannst es mir ruhig sagen. Niemand hat dich so lieb wie ich. Mir liegt wirklich am Herzen, dass es dir gut geht. Was macht dich so unglücklich?"

„Ach, ich weiß auch nicht."

„Nun komm schon, Schatz. Was ist es?"

„Na ja, ich habe einfach keine Lust mehr auf die Schule."

„Was?", ruft die Mutter ungläubig aus. *„Was soll das heißen, du hast keine Lust mehr auf die Schule? Und das nach all der Mühe, die wir uns gemacht haben, um für dich einen Platz an dieser Schule zu bekommen? Ausbildung ist das Fundament für deine Zukunft! Wenn du dich wie deine ältere Schwester richtig ins Zeug legen würdest, wärst du auch besser in der Schule. Dann würde es dir dort sicher viel besser gefallen. Wir haben dir das schon so oft gesagt. Du könntest die Schule leicht schaffen. Versuch mal, eine positivere Einstellung zur Schule einzunehmen."*

Dann tritt Stille ein. Die Mutter sagt: *„Also, erzähl weiter. Sag mir, was los ist."*

Vielleicht erinnert Sie das an Ihre eigenen Gespräche, zum Beispiel mit Ihren Kindern. Für viele Menschen ist die praktische Umsetzung des fünften Weges am schwierigsten.

Beim fünften Weg geht es um Kommunikation und Einflussnahme. Kommunikation ist die wichtigste Fähigkeit in unserem Leben, sagt Covey. Wir verbringen viel Zeit damit; man kann nicht *nicht* kommunizieren. Und obwohl in der Schule viel Zeit für das Lesen- und Schreibenlernen aufgewendet wurde, haben wir kaum gelernt, wie man gut zuhört.

Covey geht davon aus, dass man eine Person, mit der man effektiv umgehen und auf die man Einfluss nehmen will, zunächst verstehen muss. Dieses Verstehen erfordert mehr als die pragmatische technische Fähigkeit, zuzuhören. Es erfordert vor allem Charakter, den

Willen zur Stärkung des Vertrauens und aufrichtiges Interesse am anderen. Der andere ist bereit, Ihren Rat anzunehmen, wenn er Sie respektiert. Aber wie kann er Sie respektieren, wenn er das Gefühl hat, dass Sie ihn nicht verstehen?
Die Reihenfolge „erst verstehen, dann verstanden werden" kehren wir oft um. Wir sind bereit, anderen zuzuhören, wenn sie zunächst uns zuhören. Aber gerade in der Umkehrung der Reihenfolge, also im Zuhören, bevor man verstanden werden will, liegt die Kraft des fünften Weges.

Das Problem beim Zuhören

„Erst verstehen" ist für viele nicht gerade das, was sie für gewöhnlich tun. Wie Sie anhand des Gesprächs zwischen Mutter und Sohn bereits sehen konnten, hören wir Menschen oft mit der Intention zu, zu reagieren. Wir möchten eine Frage stellen oder unsere Meinung sagen. Damit filtern wir alles durch unser eigenes Paradigma: Was halte ich davon? Wir befassen uns in unserem Kopf intensiv mit der Frage, wie das Gehörte zu unserer Denkweise passt, statt erst einmal die Denkweise des anderen zu erkunden.
Covey bezeichnet das als autobiografische Reaktion. Was nichts anderes bedeutet, als dass wir alles durch unsere eigene Brille, unsere eigenen Paradigmen wahrnehmen und betrachten. In die Erzählung eines anderen projizieren wir unsere eigene Geschichte, unsere Erfahrungen und Sehnsüchte: unsere Biografie. Wie oft

hört man Leute sagen: „Oh, ich weiß genau, was du meinst“, oder: „Ich habe genau das Gleiche durchgemacht. Weißt du, was ich damals getan habe?“
Es gibt vier verschiedene Arten von autobiografischen Antworten: werten – wir stimmen einer Sache zu oder nicht; sondieren – wir stellen Fragen aus unserem eigenen Bezugsrahmen heraus; beraten – wir geben Ratschläge auf der Grundlage unserer eigenen Erfahrungen; interpretieren – wir versuchen herauszufinden, warum Menschen sich auf eine bestimmte Art und Weise verhalten, wobei wir uns auf unsere eigenen Motive stützen. Aber indem wir auf diese Weisen reagieren, geben wir der anderen Person zu wenig psychologischen Raum; wir verstehen sie nicht wirklich.
Beim „Sondieren“ feuern wir beispielsweise ständig Fragen auf den anderen ab. Daher sind wir mehr damit beschäftigt, was der andere (noch) nicht gesagt hat, als mit dem, was er gesagt hat. Das ist ein Fragenstellen, bei dem wir nicht wirklich offen für die Antwort sind. Man kann jemandem täglich gewiss zehn Fragen stellen, ohne jemals dahinterzukommen, was wirklich für ihn wichtig ist.
Ein klassisches Covey-Beispiel findet sich in einem Gespräch zwischen einem Vater und seinem heranwachsenden Sohn. In Klammern werden die Gedanken und Gefühle des Sohnes wiedergegeben. Achten Sie auf die Reaktionen des Vaters und die Wirkung, die sie auf seinen Sohn ausüben.

„Mann, Papa, ich hab's echt satt! Die Schule ist wirklich reiner Bockmist!" (Ich will mit dir reden und möchte deine Aufmerksamkeit.)
„Was ist denn los, Junge?" (Der Vater zeigt Interesse. Gut!)
„Die Schule ist total sinnlos. Ich hab überhaupt nichts davon." (Ich habe ein Problem in der Schule und fühle mich einfach schrecklich.)
„Na ja, das denkst du jetzt. Als ich in deinem Alter war, dachte ich dasselbe." (Oh nein! Jetzt kommt Kapitel drei von Papas Lebensgeschichte. Darüber wollte ich nicht reden. Es ist mir wirklich egal, wie viele Kilometer er ohne Stiefel durch den Schnee in die Schule stapfen musste. Ich möchte über meine eigenen Probleme sprechen.)
„Ich weiß noch, dass ich einige Fächer für reine Zeitverschwendung hielt. Bleib dran, hab Geduld." (Zeit wird mein Problem nicht lösen. Wenn ich ihm das nur klarmachen könntc. Ich wollte, ich könnte das einfach sagen.)
„Ich halte doch schon zehn Jahre durch! Kannst du mir sagen, was mir Mathematik nützt, wenn ich Automechaniker werden will?"
„Automechaniker? Du machst wohl Witze!" (Er würde mich nicht lieben, wenn ich Automechaniker werden würde. Er würde mich nicht lieben, wenn ich die Schule nicht fertig machen würde. Alles, was ich sage, muss ich rechtfertigen.)
Und so können Vater und Sohn noch lange aneinander vorbeireden.

Zuhören lernen

Für autobiografische Reaktionen müssen wir uns nicht besonders anstrengen. Sie kommen wie von selbst. Deshalb ist es wichtig, Zuhören zu lernen. Covey unterscheidet fünf Stufen des Zuhörens:

1. Die erste Stufe ist das Ignorieren; es ist gleichbedeutend damit, nicht zuzuhören. Wir reagieren nicht wirklich auf das, was gesagt wird.
2. Auf der zweiten Stufe tun wir so, als ob wir zuhörten. Wir sagen brav: „Ja, ja" und „Hm, hm", hören aber nicht wirklich dem zu, was gesagt wird.
3. Darauf folgt ein selektives Zuhören, bei dem wir nur das hören, was uns gut gefällt und in unser Paradigma passt.
4. Die vierte Stufe ist das aufmerksame Zuhören. Wir achten besonders auf die Worte, die jemand benutzt, und knüpfen daran an.
5. Die fünfte Ebene ist das einfühlende Zuhören. Beim einfühlenden Zuhören geht es nicht darum, was Sie denken, sondern darum, was Ihnen der andere klarmachen will. Einfühlendes (empathisches) Zuhören fordert von Ihnen, dass Sie lernen, zuzuhören, um wirklich zu verstehen.

Diese ersten vier Stufen führen zu autobiografischen Reaktionen. Einfühlendes Zuhören ist die höchste Form des Zuhörens. Es birgt jedoch auch Risiken. Denn Sie öffnen sich damit der Beeinflussung durch den anderen. Was bedeutet, dass Sie Ihrer eigenen Haltung sicher sein müssen (Wege 1 bis 3); nur dann können Sie sich so verletzlich machen, ohne sich selbst dabei zu verlieren. Covey beschreibt das mit dem Paradoxon: „Um Einfluss ausüben zu können, muss man selbst beeinflussbar sein."

Erst verstehen ...

Um wirklich zu einem anderen durchzudringen, braucht man zunächst den Charakter und die ernsthafte Absicht, sich in die (Gefühls-)Welt des anderen hineinzuversetzen. Das macht es erforderlich, mit den Ohren zuzuhören (Was höre ich, wenn er mit mir spricht?), mit den Augen zuzuhören (Was sehe ich an ihm, wenn er mit mir spricht?) und mit dem Herzen zuzuhören (Was fühle ich in ihm, wenn er mit mir spricht?). Das macht echtes Zuhören zu einer Aktivität, die Ihre volle Aufmerksamkeit verlangt. Neben der Einstellung, zuhören zu wollen, braucht man auch die richtigen Fähigkeiten, um dies auch tatsächlich zu tun. Deren Entwicklung durchläuft vier Phasen:

1. Die erste und am wenigsten effektive besteht darin, den Inhalt der Worte des Gegenübers wiederzugeben. Das mag wirken, als würden Sie bloß eine Technik anwenden, aber es trägt auf jeden Fall dazu bei, dass Sie zuhören.
2. Die zweite Phase des einfühlenden Zuhörens besteht darin, den Inhalt neu zu formulieren. Sie wiederholen mit Ihren eigenen Worten, was die andere Person gesagt hat.

3. Die dritte Phase verlangt Ihnen mehr ab. Sie beziehen das Gefühl des anderen ein. Sie konzentrieren sich nicht auf das, was er sagt, sondern auf das, was er dabei fühlt: „Und du fühlst dich schlecht dabei."
4. Die vierte Phase des einfühlenden Zuhörens ist eine Kombination aus der zweiten und dritten Stufe. Sie formulieren, vorzugsweise in einem einzigen Satz, den Inhalt neu und benennen dabei das Gefühl des anderen.

Wenden wir dies auf das Gespräch zwischen Vater und Sohn an:
„Mann, Papa, ich habe es satt! Die Schule ist Bockmist!"
„Du hast es satt. Du denkst die Schule ist eigentlich Bockmist."
Der Vater hat den Inhalt wiederholt, ohne zu bewerten oder zu sondieren. Aber um zu zeigen, dass er ihn wirklich versteht, muss er noch einen Schritt weitergehen. Er könnte sagen: *„Du möchtest nicht mehr zur Schule gehen."* Damit gibt er den Inhalt in seinen eigenen Worten wieder, aber das betrifft nur die verbale Kommunikation des Sohnes. Noch besser wäre es, wenn er das Gefühl deutlich macht: *„Du fühlst dich total frustriert."* Mit dieser Reaktion konzentriert sich der Vater nicht auf den Inhalt, sondern auf die Gefühle seines Sohnes. Auf der vierten Stufe geht es um die Kombination von Inhalt und Gefühl: *„Du bist von der Schule total frustriert."* „Frustriert" ist das Gefühl, „von der Schule" ist der Inhalt. Auf diese Weise gibt der Vater seinem Sohn

psychologischen Raum, um mehr zu erzählen. Wenn der Vater weiterhin einfühlsam zuhört, wird der Sohn viel mehr erzählen. Am Ende besteht eine gute Chance, dass der Sohn seinen Vater um Rat fragt: *„Was soll ich tun?"* Der Rat, den der Vater jetzt gibt, wird nun aller Voraussicht nach ein offenes Ohr finden.

Über das einfühlende Zuhören sagt Covey: „Man hilft dem anderen, seine eigenen Gedanken und Gefühle zu ordnen." Der Kontakt verschiebt sich, er ist nicht mehr transaktional (Reaktion folgt auf Reaktion), sondern transformativ (gemeinsam gelangen wir zu neuen Einsichten). Indem Sie einfühlend zuhören, helfen Sie den Menschen oft auch, eigene Lösungen für ihre Probleme zu finden. Sie helfen ihnen, ihre eigene Analyse zu verbessern. In seiner reinsten Form sorgt das einfühlende Zuhören dafür, dass es einen Moment gibt, in dem man von dem Einblick überrascht wird, den man in den anderen gewinnt.

... dann verstanden werden

Der fünfte Weg besteht aus zwei Teilen. Erst verstehen ... dann verstanden werden. Diese zweite Hälfte ist ebenfalls bedeutsam. Covey stellt hier die Verbindung zum vierten Weg her: Verstehen erfordert Rücksichtnahme; verstanden zu werden erfordert Mut. Rücksichtnahme und Mut sind zwei Elemente, die notwendig sind, um zu einem Win-win-Denken zu gelangen, und offenbar sind sie auch für den fünften Weg notwendig.

Damit Sie der andere besser versteht, müssen Sie den Mut haben, sich zu öffnen und angreifbar zu machen. Und Sie müssen sich die Zeit nehmen, den anderen zuallererst zu verstehen. Danach können Sie Ihre Botschaft vermitteln, indem Sie den anderen in seiner eigenen Sprache und seinem eigenen Kontext ansprechen. Sie stellen eine Verbindung zu dem anderen her. Sie bekräftigen Ihre eigene Botschaft, indem Sie diese auf eine klare und konkrete Weise offenlegen und sie vor allem in den richtigen Kontext stellen. Sie können dies zum Beispiel tun, indem Sie sagen: „Lassen Sie mich zunächst sehen, ob ich verstehe, was Ihre Ziele sind und welche Bedenken Sie gegen meinen Plan haben." Auf diese Weise steigern Sie die Glaubwürdigkeit Ihrer eigenen Ideen und Sie machen sichtbar und spürbar, dass Sie für beide das Beste wollen.

Mit dem fünften Weg arbeiten Sie aus Ihrem Einflussbereich heraus. Viele Faktoren, mit denen Sie in Interdependenzbeziehungen mit anderen Menschen zu tun haben, fallen in Ihren Interessenbereich. Die Stimmung des anderen, die Art, wie der andere spricht, manchmal auch die Umstände. In diese Dinge können Sie sehr viel Energie stecken, doch das bringt Ihnen nichts. Wenn Sie versuchen, erst den anderen zu verstehen, investieren Sie in das emotionale Beziehungskonto und sorgen für Vertrauen. Bei diesem Ansatz gehen Sie von innen nach außen vor. Sie erweitern Ihren Einflussbereich. Covey sagt: „Die Seele eines anderen Menschen anzurühren, bedeutet, auf heiligem Grund zu wandeln."

Praktische Umsetzung

1. Denken Sie an eine Beziehung mit einem geringen Saldo auf dem emotionalen Beziehungskonto. Versuchen Sie, die Situation aus der Sicht der anderen Person zu verstehen, und schreiben Sie auf, was Ihnen dazu einfällt. Hören Sie ihr bei Ihrer nächsten Begegnung mit der Intention zu, sie zu verstehen. Stimmt das, was Sie hören, mit dem, was Sie aufgeschrieben haben, überein?
2. Versuchen Sie beim nächsten Mal, wenn Sie sich bei unerwünschten autobiografischen Reaktionen ertappen – sondieren, werten, beraten oder interpretieren –, eine Einzahlung auf Ihr Beziehungskonto zu tätigen. Entschuldigen Sie sich dafür: „Tut mir leid, ich habe gerade gemerkt, dass ich mein Urteil bereits gefällt habe und dir deshalb nicht offen zuhören konnte. Könntest du es bitte noch mal wiederholen?"
3. Versuchen Sie mal, einem Gespräch zwischen anderen als Zeuge beizuwohnen und mit Ihren Augen zuzuhören. Halten Sie sich die Ohren zu und schauen Sie, was passiert, welche Emotionen Sie wahrnehmen. Versuchen Sie anschließend, diese Fähigkeit in einem eigenen Gespräch zu nutzen.

3.3 Sechster Weg: Synergien schaffen

Der sechste Weg ist der Weg, der eine dritte Alternative eröffnet. Neben meiner Idee und der des anderen gibt es noch eine bessere Idee, die wir jetzt noch nicht kennen.

Durch das Beschreiten des vierten und fünften Weges können wir ihr gemeinsam Gestalt geben.

Für Covey kann Synergie, oder besser gesagt das Schaffen von Synergie, die wichtigste Entwicklung in unserem Leben sein. Synergie bündelt und katalysiert die größten Kräfte des Menschen. Das Ergebnis von Synergie ist magisch: Es eröffnen sich völlig neue Möglichkeiten. Alle zuvor genannten Wege tragen zur Verwirklichung dieses Weges bei. Für Covey bedeutet Synergie: „Das Ganze ist größer als die Summe seiner Teile. Das heißt: Die Beziehungen der Teile untereinander sind selbst auch ein Teil. Und zwar kein beliebiger, sondern der kraftvollste und aufregendste Teil."

Die Bedeutung des Prozesses und der Erfahrung

Wenn Sie einmal echte Synergie erfahren haben, wissen Sie, wie kraftvoll sie sein kann. In einem Projektteam, in einer Sportmannschaft, in einer Gruppe von Freunden haben wir alle schon einmal diese Erfahrung gemacht. Die Anwesenden respektieren einander. Ideen, sogar ausgefallene Ideen, werden geäußert. Eine Idee führt zur nächsten und plötzlich gibt es die eine Idee, die nach Ansicht aller die Antwort auf alle Fragen ist. Aber das lässt sich nicht so einfach wiederholen. Es genügt in der Regel nicht, sich in denselben Raum zu setzen und die gleiche Arbeitsmethode anzuwenden. Als Gruppe hat man nicht nur einen Prozess durchlaufen, sondern ihn auch gemeinsam durchlebt. Bei dieser Erfahrung ging es um Vertrauen (emotionales Beziehungskonto), um das

Gefühl, dass alle von dem Willen, eine Win-win-Situation zu erreichen, beseelt sind, und um die Erfahrung eines wirklichen gegenseitigen Zuhörens. In diesem Prozess und dieser Erfahrung liegt die Kraft der Synergie.

Synergetisch zu arbeiten mag wie ein Widerspruch zum zweiten Weg (schon am Anfang das Ende im Sinn haben) erscheinen. Schließlich tritt man gemeinsam in einen Prozess ein, dessen Ausgang noch ungewiss ist. Doch das Gegenteil ist der Fall. Man tritt in den Prozess mit der festen Überzeugung ein, dass er zu etwas führen wird. Beim zweiten Weg haben Sie selbst bestimmt, was dieses „etwas" für Sie sein soll. Wenn Sie sich nun um Synergie bemühen, zeigen Sie den Mut, dafür einzustehen, und Sie versuchen zugleich, ein Ergebnis zu erarbeiten, in dem Ihr Interesse und das Interesse des anderen zum Ausdruck kommt. Das erfordert eine Zusammenarbeit, die auf Sicherheit (ich weiß, wofür ich stehe und was ich will), auf Offenheit (ich höre einfühlend zu und habe den Mut, meine Meinung zu äußern) und Abenteuerlust (wir arbeiten an einer Lösung, die wir beide noch nicht kennen) beruht. Dann bleibt es nicht dabei, dass Sie die Magie der Synergie nur gelegentlich und zufällig erleben, sondern Sie können sie regelmäßig erwirken.

Mehr als die Summe seiner Teile

Die Herausforderung der Synergie besteht im Schaffen neuer Möglichkeiten, was eine gute Beziehung/einen guten Kontakt zueinander und gegenseitigen Respekt

verlangt. Synergie erfordert es, bei Meinungsverschiedenheiten nicht in Opposition zu gehen, sondern den Versuch zu unternehmen, sich gegenseitig zu verstehen. Covey beschreibt dies wie folgt: „Wenn jemand mit Ihrer Intelligenz, Kompetenz und Gewissenhaftigkeit anderer Meinung ist als ich, dann hat das sicher einen guten Grund. Es muss etwas geben, was ich nicht verstehe. Genau das muss ich verstehen. Sie haben eine Perspektive, einen Bezugsrahmen, den ich mir unbedingt genauer ansehen muss." Mit dieser Einstellung kann man an Synergie arbeiten.
Wenn zwei politische Parteien eine Koalitionsverhandlung führen, kann man sehen, wie sich Vertrauen und Zusammenarbeit gegenseitig stärken können. Wenn das gegenseitige Vertrauen gering ist, gestaltet sich die Zusammenarbeit sehr schwierig. Die Parteien sitzen dann reserviert am Tisch und halten ihre Karten bedeckt. Sie sind in einem Gewinn/Verlust-Denken („Wir brauchen euch, um genug Sitze zu bekommen, aber wir hätten es lieber ohne euch gemacht") oder in einem Verlust/Gewinn-Denken („Wir wollen mitregieren, koste es, was es wolle") verhaftet. Wenn das Vertrauen zunimmt und sie zu einer gewissen Zusammenarbeit kommen, schließen sie Kompromisse. Beide Parteien machen Abstriche, es ist ein Geben und Nehmen. Man verhandelt im gegenseitigen Respekt miteinander. Aber echte Synergie erfordert ein hohes Maß an gegenseitigem Vertrauen *und* die Fähigkeit, die verschiedenen Interessen und Themen zusammenzubringen.

Das folgende Diagramm zeigt, wie sich Vertrauen und Zusammenarbeit gegenseitig verstärken, bis sich Synergien ergeben.

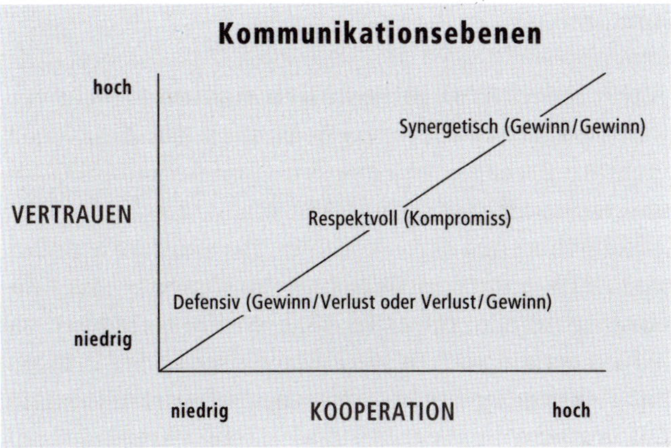

Abb. 4: Wie Synergien entstehen

Die Kunst der synergetischen Kommunikation besteht darin, aus 1 plus 1 mehr zu machen als 1½ (ein Kompromiss, bei dem beide Parteien nachgeben), mehr als 2 (eine Lösung, die funktioniert, aber wenig Begeisterung auslöst) und mehr als 1 plus 1 gleich 3. Synergie bedeutet 1 plus 1 gleich 16 oder sogar 1600 (eine Lösung, bei der wir viel mehr erreichen, als wir als Einzelne unabhängig voneinander geschafft hätten).

Natürlich streben wir eine solche Lösung an, aber Covey bleibt realistisch: „Es gibt Umstände, in denen eine Synergie nicht erreichbar und es nicht wünschenswert ist, ‚ohne Einigung' auseinanderzugehen. Aber wenn die Atmosphäre gut ist und die Leute aufrichtig versuchen, gemeinsam etwas zu erarbeiten, wird das Ergebnis in der Regel effektiver sein als ein Kompromiss."

Nach der dritten Alternative suchen

Ein synergetischer Prozess beginnt oft damit, dass sich mehrere Personen in einer Situation befinden, die sie unterschiedlich betrachten. Denken Sie zum Beispiel an Arbeitgeber und Arbeitnehmer bei Tarifverhandlungen. Diese Unterschiede können zu Rissen in einer Beziehung führen, auf einer höheren Ebene können sie jedoch gerade auch bessere Ergebnisse hervorbringen. Mit einem gut gefüllten emotionalen Beziehungskonto, mit Win-win-Denken und einer offenen Kommunikation kann man auf eine „dritte Alternative" hinarbeiten: auf eine Lösung, die für beide Seiten vorteilhaft ist und die auch besser ist als das, was jeder Einzelne eingebracht hat. Gehen Sie nicht in Konfrontation zueinander, sondern hören Sie einander zu, um sich zu verstehen. Das Ergebnis ist dann keine Transaktion (lasst uns das dann mal machen), sondern eine Transformation (das machen wir *und* unsere gegenseitige Beziehung geht daraus auch noch gestärkt hervor). Bei einer Transaktion werden sich beide Parteien ihren Anhängern gegenüber damit rechtfertigen, dass „dies das maximal erreichbare Ergebnis" war. Bei einer Transformation sind sie stolz auf das Ergebnis und verkünden, dass sie dem Unternehmen oder der Branche geholfen haben, voranzukommen.

Die Unterschiede schätzen

Die Herausforderung der Synergie liegt in den Unterschieden zwischen Menschen. Treiben diese Unterschiede sie weiter auseinander oder bringen sie sie gemeinsam zu guten neuen Lösungen? Was lässt sich von Menschen lernen, die nach anderen Paradigmen leben? Was lässt sich von Menschen mit anderen Erfahrungen, einer anderen Ausbildung oder einem anderen kulturellen Hintergrund lernen? Covey zufolge sind effektive Menschen bescheiden genug, um ihre persönlichen Wahrnehmungsgrenzen anzuerkennen. Effektive Menschen wissen, was ihnen andere bieten können und dass sie in der Zusammenarbeit mit anderen ihr Realitätsverständnis erweitern können.

Vermeiden Sie negative Energie

Mit abhängigen Personen Synergieeffekte zu erzielen, kostet viel Anstrengung. Abhängige Personen beharren strikt auf ihrer Meinung. Sie versuchen, andere zu überzeugen, indem sie sich stur stellen („Ich bin der Chef", „Ich habe mehr Erfahrung"). Damit versuchen sie, andere zu Marionetten zu machen; sie befürchten, ihren eigenen Standpunkt aus dem Blick zu verlieren. Doch damit verspielen sie die Chance, etwas aus einer anderen Perspektive zu lernen und zu einer Lösung zu gelangen, die keine der beiden Parteien allein hätte finden können. Auf diese Weise eine Lösung anzustreben, beschert allen viel negative Energie. Den einen, weil es harte Arbeit ist, recht zu bekommen, und den anderen, weil sie das Gefühl haben, zu etwas gedrängt zu werden. Im Gegensatz dazu verleiht die Suche nach einer Lösung über das Schaffen von Synergien, die Suche nach der dritten Alternative, gerade Energie. Deshalb schätzt Covey die ersten drei Wege. Aus ihnen gewinnt man genug innere Sicherheit, um sich zu öffnen und von anderen beeinflussen zu lassen. Auch hier geht der private Erfolg dem öffentlichen Erfolg voraus.

Alles in der Natur ist synergetisch

Die wahre Kraft der sieben Wege liegt in ihrer Beziehung zueinander und nicht in der Qualität der einzelnen Wege, sagt Covey. So wie alles in der Natur in einem ökologischen Kontext geschieht, geht es auch bei den sieben Wegen um ihre Verbindung zueinander. In Situationen, in denen sich die Spannungen zwischen verschiedenen Parteien bereits verschärft haben, manchmal sogar bis zu einem Punkt, an dem ein Gerichtsverfahren droht, kann allein schon das Reden über den vierten, fünften und sechsten Weg hilfreich sein. Die Parteien werden mit ihrem eigenen, weniger effektiven Verhalten konfrontiert, zum Beispiel mit ihrem Gewinn/Verlust-Denken. Des Weiteren wird ihnen die Perspektive eines gemeinsamen Auswegs eröffnet. Durch das Beschreiten der ersten fünf Wege können Sie auch unter schwierigen Bedingungen Synergieeffekte erzielen. Beispielsweise müssen Sie beleidigende Bemerkungen nicht persönlich nehmen und können sich auf die Qualitäten Ihres Gegenübers konzentrieren statt auf die Verhaltensweisen, die Sie bei ihm als negativ empfinden. Wenn jemand anderer Meinung ist als Sie, können Sie sagen: „Gut! Sie sehen das anders." Sie können einen anderen auch respektieren, ohne mit ihm einer Meinung zu sein. Wichtig ist jedoch, dass Sie versuchen, den anderen wirklich zu verstehen.

Schauen Sie sich nur mal all die Fernsehsendungen an, in denen Parteien, die sich scheinbar ablehnend gegenüberstehen, mit einem Blumenstrauß, einem Abendessen oder einem Gerichtsbeschluss wieder zusammengebracht werden. Oftmals ist das Problem aus einem Missverständnis zwischen den beiden Parteien entstanden und hat sich im Laufe der Zeit noch weiter verstärkt. Es braucht Kraft (privater Erfolg), um in dieser Situation den vierten, fünften und sechsten Weg zu beschreiten. Am Ende stehen jedoch ein fantastisches Gefühl und ein unglaubliches Ergebnis: ein öffentlicher Erfolg. Wenn es nur zwei Möglichkeiten zu geben scheint, Ihre eigene und die „falsche", dann helfen Ihnen die sieben Wege, die synergetische dritte Möglichkeit zu suchen. Coveys schließt daraus: „Wenn Sie mit einer Win-win-Philosophie arbeiten und wirklich den anderen verstehen wollen, werden Sie meist eine Lösung finden, die für alle Betroffenen besser ist."

Praktische Umsetzung

1. Erstellen Sie eine Liste von Menschen, die Sie irritieren. Vertreten diese Menschen andere Standpunkte als Sie? Könnten Sie diese Unterschiede in Synergieeffekte umwandeln, wenn Sie sich Ihrer selbst sicherer wären und mehr Wertschätzung für deren Standpunkte aufbringen würden?
2. Stellen Sie sich eine Situation vor, in der Sie sich mehr Teamarbeit und Synergie wünschen. Welche Bedingungen müssten erfüllt werden, um Synergien zu schaffen? Inwieweit können Sie darauf Einfluss nehmen?

30 ***Mit der Entwicklung von Unabhängigkeit zu wechselseitiger Abhängigkeit arbeiten Sie an einem effektiven Leben. Ein Leben, in dem Sie dauerhaften Erfolg und Glück aufbauen. Es ist jedoch von großer Bedeutung, die verschiedenen Wege ständig weiterzuentwickeln und sich ständig zu erneuern. Darum geht es im nächsten Kapitel.***

4. Kontinuierlich weiterwachsen

Stellen Sie sich vor, Sie spazieren durch den Wald und sehen jemanden, der unter Qualen und großer Anstrengung fieberhaft am Sägen ist. Er klagt darüber, dass es so mühsam ist. Als Sie ihn jedoch fragen: „Warum machen Sie nicht eine Pause und schärfen die Säge?", lautet seine Antwort: „Dafür habe ich überhaupt keine Zeit. Ich muss noch viel zu viel sägen."

Der siebte Weg bedeutet, sich Zeit zu nehmen, die Säge zu schärfen.

4.1 Siebter Weg: Die Säge schärfen

Der siebte Weg handelt von ausgewogener Selbsterneuerung, von der Pflege des wichtigsten Werkzeugs, das Sie haben: sich selbst. Dieser Weg ermöglicht alle anderen Wege.

Covey zufolge geht es beim siebten Weg um vier Dimensionen: die physische, die spirituelle, die mentale und die soziale/emotionale Dimension. An dem siebten Weg zu arbeiten, heißt ebenso wie bei den anderen Wegen, im Quadranten II der Zeitmanagement-Matrix zu arbeiten. Es geht also um die wichtigen Dinge, denen Sie in Ihrem Wochenplan einen prominenten Platz einräumen sollten. Außerdem ist der siebte Weg etwas, das Sie selbst tun müssen; ein anderer kann es nicht für Sie tun. Es gehört zum Zentrum Ihres persönlichen Einflussbereichs.

Die physische Dimension

Die physische Dimension bedeutet: seinen Körper durch richtige Ernährung, genügend Ruhe und Entspannung sowie regelmäßige Bewegung in Form zu halten. Es geht darum, dass Ihr Körper Ausdauer, Gelenkigkeit und Kraft hat. Die Ausdauer baut man durch Aktivitäten wie Radfahren, Laufen und Schwimmen auf. Die Gelenkigkeit wird durch Dehnungs- und Streckübungen erreicht. Und Kraft lässt sich beispielsweise durch Reißen, Stoßen, Bauchmuskelübungen und die Arbeit mit Gewichten steigern. Regelmäßige Auszeiten für körperliches Training sind typische Aktivitäten im Quadranten II: Sie sind nicht dringend, aber wichtig. Außerdem dauert es eine Weile, bis Sie Ergebnisse sehen. Auf lange Sicht trägt eine gute Gesundheit zu Ihrer Leistungskraft, Anpassungsfähigkeit und Lebensfreude bei und – nicht unwichtig – auch zu Ihrer Pro-Aktivität. Wenn Sie das tun, was wichtig ist, wird Ihr Selbstvertrauen wachsen.

Die spirituelle Dimension

Bei der spirituellen Dimension geht es darum, Ihrem Leben eine Richtung zu geben, Ihrem persönlichen Leitbild, dem, woran Sie wirklich glauben, treu zu sein. Spirituelle Erneuerung kann auf viele Arten erreicht werden: durch Gebet, Meditation, Lesen, Musikhören oder zum Beispiel durch Spaziergänge in der Natur. Spirituelle Erneuerung braucht Zeit, sagt Covey, aber man sollte sie nicht vernachlässigen. Er bezieht sich auf Martin Luther King, der einmal schrieb: „Heute habe ich noch so viel zu tun, dass ich eine weitere Stunde auf den Knien verbringen muss." Beten war für ihn keine Pflicht, sondern eine Kraftquelle. Die spirituelle Erneuerung hilft Ihnen, Ihre inneren Konflikte zu lösen, zu entdecken, wer Sie sind, und Frieden zu finden.

Die mentale Dimension

Viele Menschen lassen ihren Geist vertrocknen, nachdem sie die Schule hinter sich haben. Sie sitzen hauptsächlich vorm Fernseher. Natürlich können Sie Ihren Geist auch durch Fernsehen bilden, doch dazu müssen Sie Programme auswählen, die Ihr persönliches Zentrum und Ihr Leitbild bereichern können. Was können Sie noch tun? Lesen Sie. „Wer nicht liest, ist nicht besser dran als einer, der nicht lesen kann", sagt Covey. Versuchen Sie im Sinne des fünften Weges zu lesen: Erst verstehen ... dann verstanden werden. Beurteilen Sie ein Buch nicht zu schnell anhand Ihrer eigenen Lebenserfahrung. Auch Schreiben, Planen und Visualisieren wirken erneuernd.

Eine Stunde pro Tag
Covey rät dazu, täglich eine Stunde für die physische, spirituelle und mentale Erneuerung zu verwenden. Auf diese Weise entwickeln Sie Schritt für Schritt Ihre

persönliche Stärke. Diese Erneuerung steht in engem Zusammenhang mit den ersten drei Wegen, auf denen Sie Ihre Unabhängigkeit entwickeln. Er zitiert Phillips Brooks: „Charakter kann sich nur in einem lang andauernden Prozess bilden.“

Die soziale/emotionale Dimension

Die sozialen und emotionalen Seiten unseres Lebens sind eng miteinander verflochten. Unsere Emotionen entwickeln sich vor allem in der Beziehung zu anderen. Soziale/emotionale Erneuerung entwickelt sich daher auch im täglichen Umgang mit anderen. In welcher Weise? Indem Sie den vierten, fünften und sechsten Weg bewusst im Kontakt mit Ihrer Familie, Ihren Freunden und Kollegen beschreiten.

Für öffentlichen Erfolg ist, wie wir bereits sagten, innere Sicherheit unerlässlich. Wenn Sie im Umgang mit Menschen, die anders über das Leben denken als Sie selbst, unsicher sind, werden beispielsweise Win-win-Situationen und echtes Zuhören für Sie sehr schwierig sein. Man kann diese Sicherheit nicht durch psychologische Tricks entwickeln, warnt Covey. Man kann sich nicht selbst so manipulieren, dass man inneren Frieden findet. Sie müssen Ihre innere Gewissheit Schritt für Schritt durch den ersten, zweiten und dritten Weg aufbauen, auf der Grundlage solider Paradigmen und guter Prinzipien.

Anderen bei der Erneuerung helfen

Covey legt großen Wert auf Hilfsbereitschaft. Dazu gehört auch, anderen in ihrem Erneuerungsprozess zu helfen. Indem wir in andere Vertrauen setzen, während sie selbst noch im Zweifel sind, geben wir ihnen ein neues Denkmuster an die Hand. So können wir ihr Leben positiv beeinflussen.
Covey schildert das Beispiel einer Klasse „dummer" Kinder, deren Lehrer sie aufgrund eines administrativen Fehlers für besonders intelligent hielten. Als die Schüler anfangs nicht die erhofften Leistungen erbrachten, passten die Lehrer ihr Verhalten an. Es handelte sich schließlich um intelligente Kinder, und die Lehrer dachten, es läge an ihnen. Sie suchten so lange nach dem richtigen Ansatz, bis die Kinder gute Ergebnisse erzielten. Auch in Organisationen ist es wichtig, an Erneuerung zu arbeiten. Auf wirtschaftlichem Gebiet (physisch), durch das Erkennen und den Einsatz von Talent (mental), durch den guten Umgang mit den Mitarbeitern (sozial/emotional) und durch die Besinnung auf Ziele und Integrität (spirituell).

Aufwärtsgerichtete Spirale

Die sieben Wege und die vier Dimensionen der Erneuerung hängen alle miteinander zusammen. Die Wege üben einen positiven Einfluss aufeinander aus; dies gilt gleichermaßen für die Dimensionen der Erneuerung. Deshalb ist es wichtig, nach Ausgewogenheit zu streben und keinen Weg und keine Dimensionen der Erneuerung zu vernachlässigen. Was nicht fehlen darf, so Covey, ist die Stimme unseres Gewissens. Sie sagt uns, ob wir im Einklang mit guten Prinzipien leben. Ein gutes Gewissen ist unerlässlich, um im Leben pro-aktiv und effektiv zu sein. Deshalb sollten Sie sich von Aktivitäten fernhalten, die Ihren Geist verunreinigen. Covey zitiert dazu Dag Hammarskjöld: „Du kannst nicht spielen mit dem Tier in dir, ohne selbst ganz Tier zu werden." Unser Gewissen hilft uns, persönliche Freiheit, Sicherheit, Weisheit und Stärke zu entwickeln. Indem wir immer wieder auf der Grundlage der sieben Wege lernen, Verbindlichkeiten einzugehen und entsprechend zu handeln, entwickeln wir uns weiter. So entwickelt sich unser Leben in einer aufwärtsgerichteten Spirale, wie es Covey formuliert.

Praktische Umsetzung

1. Erstellen Sie eine umfassende Liste der Dinge, die Sie in den Bereichen der physischen, spirituellen, mentalen und sozialen/emotionalen Erneuerung tun können.
2. Verwenden Sie diese Liste zur Planung Ihrer wöchentlichen Aktivitäten. Evaluieren Sie auch wöchentlich die Resultate dieser Aktivitäten.

4.2 Noch einmal: Von innen nach außen

Covey schließt sein Buch mit einer persönlichen Geschichte über ein Sabbatical auf Hawaii. Er war mit seiner Familie dort, um sich ein Jahr lang dem Schreiben zu widmen. In der Bibliothek des Universitätsgebäudes, in dem er arbeitete, entdeckte er ein Buch mit einer Idee, die ihn stark beeinflussen sollte. Die zentrale Idee war: „Zwischen Stimulus und Reaktion gibt es einen Raum, und der Schlüssel zu unserem Wachstum und unserem Glück liegt darin, wie wir diesen Raum nutzen." Covey berührte diese neue und frische Formulierung einer klassischen Idee. „Es war eine Revolution in meinem Denken", sagt er. Er war von dem Gedanken fasziniert, dass er als Mensch frei wählen kann, wie er auf die Umwelt reagieren will.

Während des Sabbaticals unternahmen Covey, seine Frau Sandra und ihre – damals noch – zwei Kinder auch Tagesausflüge mit dem Motorrad zum Strand. Die Kinder spielten und Covey und seine Frau unterhielten sich oft stundenlang. Dies führte zu einer besonderen Vertiefung ihrer Beziehung. Dabei wurden schwierige Themen angesprochen, bei denen beide aufrichtig versuchten, sich gegenseitig zu verstehen. Sandra und Stephen R. Covey hatten auch zuvor schon auf vielerlei Arten in ihre Ehe investiert, aber erst, als sie sich ihrer Beziehung von innen nach außen näherten, als sie den Raum zwischen Reiz und Reaktion mit Bedacht zu nutzen begannen, als sie sich die Zeit nahmen, einander wirklich zuzuhören und nach Synergie zu suchen, entstand tiefes Vertrauen und bedingungslose Offenheit.

Eine Veränderungsperson

Jeder hat einen Einfluss auf seine Umgebung. Wenn Sie sich ändern, wirkt sich das auf andere und auf Ihre Umgebung aus. Das ist gilt besonders in einer Familie. Manchmal werden gewisse negative Ideen und Gewohnheiten schon über lange Zeit von Generation zu Generation weitergegeben. Doch Sie können sich dafür entscheiden, sich zu verändern und damit ein positives Bindeglied zwischen Vergangenheit und Zukunft zu sein. Auf diese Weise können Sie Ihren Kindern Flügel verleihen, sagt Covey. Wenn Sie das tun, sind Sie eine Veränderungsperson. Indem Sie sich selbst verändern, helfen Sie anderen, sich zu verändern und sich von negativen Mustern zu befreien.
In seinem Buch bringt Covey wiederholt seine Bewunderung für den ägyptischen Staatsmann und Friedensstifter Anwar el-Sadat zum Ausdruck. Dieser beschrieb einmal, was er in seinem Leben gelernt habe: „Wer sein Gedankengebäude nicht zu ändern vermag, wird niemals fähig sein, die Realität zu verändern."

30

Covey sagt: „Echte Veränderung ist eine Veränderung von innen nach außen. Es hilft nicht, den Lauf der Dinge mit einem schnellen, pragmatischen Ansatz zu kappen. Man muss die Wurzeln ausreißen, indem man das Netzwerk seiner Gedanken, seine eigenen grundlegenden Paradigmen, verändert."

Wer sich für ein Prinzipienzentrum entscheidet und sein tägliches Leben daran ausrichtet, entwickelt die Kraft, ein effektives, nützliches und friedliches Leben zu führen ... für sich selbst und für andere.

Eine persönliche Anmerkung

Zum Schluss teilt Covey seine persönlichen Überzeugungen mit dem Leser. Er glaubt, dass gute Prinzipien Naturgesetze sind und dass sie von Gott kommen.

Covey glaubt nicht, dass die Menschen jemals perfekt sein werden. Er erzählt, wie sehr er selbst mit allen möglichen Fragen ringt, die in diesem Buch aufgeworfen werden. Er glaubt jedoch, dass wir einen positiven Beitrag zur Schöpfung leisten können, wenn wir uns an gute Prinzipien halten. Und das gibt unserem Leben Sinn.

Über die Autoren

Stephen R. Covey (1932–2012) gilt weltweit als ein Meister der persönlichen Entwicklung. Er war ein sehr gefragter und leidenschaftlicher Trainer, Autor und Redner. Sein berühmtes Buch *Die 7 Wege zur Effektivität* wurde in 38 Sprachen übersetzt. Mehr als 50 Millionen Exemplare wurden davon verkauft.

Jan Kuipers ist Gründer und Direktor von FranklinCovey BeNeLux, einer Beratungs- und Schulungsorganisation im Geiste von Stephen R. Covey. Er hält Vorträge und Schulungen zu Themen wie Führung, Vertrauen und Effektivität. Er ist unter anderem auch Autor des Buches *Menskracht*.

Ben Tiggelaar (1969) ist ein selbstständiger Autor, Redner und Verhaltensforscher. Er ist bekannt für das Buch *Träumen, wagen, tun* und das Seminar „MBA in einem Tag". Außerdem schreibt er eine wöchentliche Kolumne über Arbeit und Management im *NRC Handelsblad*.

Register